气候变化

对高寒草地生态系统功能的影响与模拟

胡国铮 高清竹 干珠扎布 等 著

中国农业科学技术出版社

图书在版编目（CIP）数据

气候变化对高寒草地生态系统功能的影响与模拟 /
胡国铮等著 . --北京：中国农业科学技术出版社，2022.8
　ISBN 978-7-5116-5828-9

Ⅰ.①气…　Ⅱ.①胡…　Ⅲ.①气候变化-影响-寒冷
地区-高山草地-草原生态系统-研究　Ⅳ.①S812.29

中国版本图书馆 CIP 数据核字（2022）第 129575 号

本书地图经北京市规划和自然资源委员会审核
审图号：GS 京（2022）1287 号

责任编辑	申　艳	
责任校对	王　彦	
责任印制	姜义伟　王思文	

出 版 者	中国农业科学技术出版社
	北京市中关村南大街 12 号　邮编：100081
电　　话	（010）82106636（编辑室）　　（010）82109702（发行部）
	（010）82109709（读者服务部）
网　　址	https：// castp.caas.cn
经 销 者	各地新华书店
印 刷 者	北京捷迅佳彩印刷有限公司
开　　本	170 mm×240 mm　1/16
印　　张	9.75　彩插　16 面
字　　数	170 千字
版　　次	2022 年 8 月第 1 版　2022 年 8 月第 1 次印刷
定　　价	58.00 元

著者名单

胡国铮　　高清竹

干珠扎布　曹旭娟

栗文瀚　　罗文蓉

李铭杰　　乌日罕

《气候变化对高寒草地生态系统功能的影响与模拟》

前　言

高寒草地作为青藏高原分布最广的生态系统类型，深受青藏高原气候变化影响。1961—2007 年，青藏高原总体呈现增温趋势，增温速率达 0.37 ℃/10 a，高于全国的增温速率（0.16 ℃/10 a），且青藏高原的增温呈夜间增温强于日间增温、冬季增温强于其他季节增温的趋势。青藏高原高寒草地面积约为 $1.59×10^6$ km^2，占青藏高原总面积的 60% 以上，具有提供净初级生产力、固定二氧化碳、调节气候、涵养水源、保持水土、防风固沙、改良土壤、维持生物多样性等功能。青藏高原涵养着黄河、长江、澜沧江、怒江、雅鲁藏布江五大水系，被誉为"亚洲水塔"，是众多大江大河的水源地。此外，高寒草地还是广大藏族牧民赖以生存的物质基础，是我国重要的牦牛产业基地。因此，高寒草地生态系统对我国生态安全、边疆社会稳定和牧民生存发展至关重要。

研究团队在中国农业科学院基本科研业务费专项"农业环境大数据中心平台建设（Y2022LM16）"、中国农业科学院科技创新工程"气候变化与减排固碳创新团队"、中国农业科学院基本科研业务费专项"国家农业环境那曲实验观测站长期观测任务（202009BSRF）"、中国农业科学院基本科研业务费"退化高寒草地生态修复及可持续利用技术研发与应用（Y2022CG03）"等项目的资助下，结合前期野外观测的数据积累，应用空间气候数据和遥感数据，分析了高寒草地气候与植被的时空变化特征，进而探讨了气候变化对高寒草地的影响，并结合生态系统过程模型模拟了高寒草地生产力、土壤有机碳和生态系统碳收支的未来变化。

全书共分为 6 章：第一章概述了气候变化背景及高寒草地生态系统，

遥感技术在草地植被研究中的应用，气候变化对高寒草地生产力及土壤有机碳的影响及模型模拟，气候变化对生态系统碳收支功能的影响及模型模拟；第二章分析了高寒草地气温、降水和潜在蒸散量的时空变化特征；第三章分析了高寒草地植被指数 NDVI 和植被盖度的时空变化特征；第四章从年际和月际两个时间尺度讨论了青藏高原草地植被对气温、降水和潜在蒸散量 3 个气候因子的响应；第五章应用 CENTURY 模型模拟并分析了 RCP4.5、RCP8.5 两个温室气体排放情景下高寒草地生产力和土壤有机碳的变化特征；第六章应用 Daycent 模型模拟并分析了 RCP4.5、RCP8.5 两个温室气体排放情景下高寒草甸生态系统碳收支的变化特征。

英国东安格利亚大学（University of East Anglia）气候研究部（Climate Research Unit）提供了地表气候变量高分辨率数据集 CRU-TS3.23，美国国家航空航天局（NASA）提供了第三代归一化植被指数数据集 GIMMS NDVI3g，美国科罗拉多州立大学自然资源生态实验室提供了 CENTURY 模型和 Daycent 模型，特此感谢。

由于作者水平有限，书中难免存在不足之处，敬请读者批评指正。

著者

2022 年 4 月

目　　录

第一章　概述

1.1　气候变化背景

全球气候变化和二氧化碳（CO_2）减排增汇已成为国际社会关注的焦点（王穗子等，2017）。当前，全球气候正经历着以气温变暖为主要特征的显著变化，政府间气候变化专门委员会（IPCC）报告指出，全球持续升温，21世纪初（2001—2020年）全球表面气温相较于工业革命前已升高0.99℃，对2021—2040年的预测结果显示，全球表面气温平均值将比工业革命前升高1.5℃，至21世纪末，仅在低排放情景下全球升温可能被控制在2℃，在中等排放情景下全球升温将达2.7℃，在高排放情景下升温可达4.4℃。而造成这一变化的主要原因为大气温室气体浓度的上升，尤其是大气CO_2浓度持续显著增高，自1759年，年平均大气CO_2浓度增加了47%，达到410 mL/L，甲烷浓度增加了156%，达到1 866 μL/L，氧化亚氮（N_2O）浓度增加了23%，达到332 μL/L（IPCC，2021）。持续的温室气体排放将会加剧气候变暖，气候变暖可能会改变降水格局，在高纬度地区降水有增加趋势，而在低纬度地区则减少。另外，随着化石燃料和农业肥料的持续使用，在过去的100多年中，氮沉降增加超过了3倍，到2050年，会继续增加2~3倍（Galloway et al.，2008）。这些变化对生态系统物质循环和能量流动造成显著影响，引发了一系列生态环境问题（Singh et al.，2010），而碳通量平衡关系的改变正是问题的根源所在（Huang and Chen，2005）。

高寒草地作为青藏高原分布最广的生态系统类型，深受青藏高原气候变化的影响。1961—2007 年，青藏高原总体呈现增温趋势，增温速率达 0.37 ℃/10 a，高于全国的增温速率（0.16 ℃/10 a），且青藏高原的增温表现出夜间增温强于日间增温、冬季增温强于其他季节的趋势（李林等，2010）。气候模式预估结果显示，21 世纪青藏高原增温速率约 0.26 ℃/10 a，至 21 世纪末气温将比当前升高 2.7 ℃，增温幅度较高的区域分布在青藏高原中部和喜马拉雅山脉西部，冬季增温速率高于其他季节（胡芩等，2015）。1961—2007 年，青藏高原年降水量呈现增多趋势，增长率约 9.1 mm/10 a，但存在区域差异，降水增多的区域主要分布在青海北部的柴达木盆地中东部、藏东南和川西北地区，降水的季节分配上则表现为春季降水增加为主导（李林等，2010）。RCP4.5 情景下，青藏高原总体上表现为降水量增加，平均增幅为 1.15%/10 a，至 21 世纪末年降水量将增加约 10.4%，增幅较高的区域分布在青藏高原西南部至中部地区，季节分配上则表现为夏季增幅最高（胡芩等，2015）。

1.2　高寒草地生态系统

草地是分布最广的陆地生态系统类型之一，其面积占全球陆地面积的 1/5，我国的草地占国土面积的 40% 以上（朴世龙等，2004）。草地资源是全球陆地绿色植物资源中面积最大的再生性自然资源（樊江文等，2010）。草地生态系统具有提供净初级生产力、固定二氧化碳、调节气候、涵养水源、水土保持、防风固沙、改良土壤、维持生物多样性等功能（赵同谦等，2004；于格等，2005；Bernacchi and Vanloocke，2015），在全球碳循环中扮演着重要的角色。此外，草地资源是发展畜牧业的物质基础，支撑着包括传统游牧和集约型畜牧在内的畜牧业发展（Kemp et al.，2013）。青藏高原约占我国国土面积的 25%，高寒草地面积约为 $1.59×10^6$ km^2，占青藏高原总面积的 60% 以上，涵养着黄河、长江、澜沧江、怒江、雅鲁藏布江五大水系（王常顺等，2013）。此外，青藏高原的牧草品质优良，是我国重要的草地畜牧业基地之一（崔庆虎等，2007）。

草地生态系统的碳循环过程在全球气候变化中发挥重要的调节功能，此过程既能通过碳吸收起到减缓气候变化的作用，也能通过碳排放加速气候变化进程（于贵瑞等，2011）。与此同时，气候变化也会引起生态系统结构的改变，打破生态系统原有的碳收支平衡。草地生态系统的碳源/汇功能能随年际气候波动而变化（张云霞等，2003；Nagy et al.，2007；Kjelgaard et al.，2008），对全球气候变化具有重大影响（王军邦等，2012）。草地碳库是重要的陆地生态系统碳库，全球草地生态系统碳储量约为 569.6 Pg（1 Pg=10^{15}g），占陆地生态系统碳库总量的 12.7%~15.2%（Ajtay et al.，1979）。我国草地植被碳储量达到 44.09 Pg，是我国陆地生态系统碳储量的 16.7%（Ni，2001）。土壤碳库是草地碳库的主要组成部分，占碳库总量的 90%（常瑞英和唐海萍，2008），其中绝大部分碳储存于浅层土壤中（Chapin et al.，2009；Jian et al.，2014）。土壤碳库包括有机碳库和无机碳库（Lal et al.，2004），无机碳的更新周期在千年尺度以上，土壤有机碳则对外界变化较为敏感（Zhang et al.，2009）。草地生态系统植被生物量是评价植被碳库的重要指标，约占全球植被总生物量的 36%（陈辰等，2012），其极易受环境和人为因素的影响（张峰等，2008；顾润源等，2012；牟成香等，2013；叶鑫等，2014）。位于高海拔或高纬度地区的高寒草地生态系统，具有植被层植物根/茎比高、凋落物和地下死根不易分解的特性，其同化的有机碳能较长时间在土壤中储存。据统计，高寒草地 95%的碳储存在土壤中，约占我国土壤碳储量的 55.16%（周兴民，2001），高寒草地生态系统可能是我国一个重要的碳汇。有研究显示，受低温限制的高寒草地生态系统对气候变化的响应最为敏感和迅速（石福孙等，2008）。

1.3　草地植被遥感

遥感监测是大尺度草地植被监测的重要手段。20 世纪 60 年代，地理信息系统技术开始出现，1972 年美国发射第一颗地球资源卫星，并随着遥感（Remote Sensing，RS）、全球定位系统（Global Positioning System，GPS）和地理信息系统技术（Geographic Information System，GIS）的不断发展与逐渐成熟，使得在全球或区域尺度上草地退化的时空监测成为可能。与此同时，大量的遥感卫星影像被用于全球或区域尺度的草地监测，并取得了一系列成果和进展。Röder 等（2008）通过 Landsat-TM 和 ETM+ 影像数据，用光谱混合分析的方法分析了放牧对希腊北部草场生态系统的影响。Pool 等（2014）利用遥感技术监测北美洲草地的变迁状况，并在此基础上研究了草地退化及变迁对物种多样性的影响。高娃等（2007）利用综合目视解译的方法，根据野外定位调查中所获取的牧草群落数、质量指标及其环境状况与遥感影像特征的对应关系，建立草原遥感解译标志来判定草原类型及退化程度，并指出草地遥感监测精度取决于对研究区域的认识程度。

植被盖度，是指观测区域内植被垂直投影面积占地表面积的百分比（张云霞等，2003），是最为常见的草地植被遥感监测指标（王根绪等，2004；梁四海等，2007；陈祖刚等，2014）。Pudmenzky 等（2015）基于气温和降水数据，反演了澳大利亚的植被盖度，突破了遥感数据的时间尺度限制。马琳雅等（2014）利用地面实测样点数据和 MODIS 植被数据反演草地植被盖度，分析了 2001—2011 年甘南藏族自治州草地生长季期间的植被盖度时空变化特征，以此作为甘南藏族自治州草地资源恢复状况的动态监测和评价的科学依据。Lehnert 等（2015）基于多源遥感反演草地植被盖度，为进一步计算青藏高原生物量及草地生产力等提供数据支撑。

草地遥感估产精度受多因素影响，如估产模型、野外测产时期、遥感植被指数类型、卫星影像与野外测产数据在空间和时间上的匹配性等。因此，应针对不同分布区的不同类型草地，选取相关性较好的遥感植被指数建立回归模型（朴世龙等，2004；王正兴等，2005），并根据决定系数（R^2）、均方根误差（$RMSE$）和相对误差等从估产模型中选择拟合精度高、趋势合理的模型进行遥感估产（李辉霞和刘淑珍，2007）。

植被指数是植被盖度和地上生物量反演模型中必要的参数（Gutman and Ignator，1998；高清竹等，2005；Zhao et al.，2012），在众多的遥感植被指数中，归一化植被指数（NDVI）能够较准确地反映植被的覆盖程度、生长状况、叶面积指数、生物量以及吸收的光合有效辐射等植被参数（Tucker et al.，1986；Sellers et al.，1995），在大尺度植被变化研究中已被广泛应用。Eckert 等（2015）验证了 MODIS NDVI 时间序列数据在表征地表覆盖变化上的可信任度。卓嘎等（2010）利用 2000—2007 年的 NDVI，分析了近期西藏地区植被的分布状况及变化趋势。由于当生物量超过一定的阈值时，植被指数出现"饱和"现象（Vescovo and Gianelle，2007），因此遥感植被指数更适用于中、低盖度植被区草地植被盖度和地上生物量反演（Röder et al.，2008；Garcia-Haro et al.，2005）。

1.4 气候变化对高寒草地生产力的影响

气候变化影响植物光合作用及生物量积累进而改变草地生产力。天然草地的净初级生产力（Net Primary Productivity，NPP）约为陆地总 NPP 的 20%，并有约 0.5 Pg 的年碳汇量（Scurlock et al.，1998），因此对草地地上生物量动态的观测对于管理草地资源以及研究气候变化对草地生态系统的影响具有重要意义（Parton et al.，1995）。气候变暖曾被认为对生物量或者生产力具有正效应，但近年来也有部分研究表明气候变暖并没有显著造成生物量碳库的变化。高寒草甸地上生产力基本随增温而上升，且不同功能群的表现不同（李娜等，2011）。降水从多方面影响地上生产力，频繁的降水被证明对生长更有利，且冬季增雨对植被生长的促进作用大于夏季（Fang et al.，2005；周双喜等，2010）。CO_2 浓度增加在结合气候变暖促进光合作用的同时也会抑制呼吸作用，生产力会因此得到一定的提高（Vukicevic et al.，2001）。

　　不同类型草地的生产力对气候变化的响应不尽相同（色音巴图等，2003）。青藏高原江河源区夏季降水减少、冻土消融、冰川减退，导致高寒植被大范围退化（盛文萍等，2008）。而由于季节性降水分配不均，青藏高原北部草地荒漠化不断加剧（罗磊和彭骏，2004）。此外，由于草地生态的脆弱性和对气候变化的敏感性，干旱等极端气候事件频发对植被特征、物候期、光合作用和呼吸作用产生一系列影响，从而导致草地生产力下降（姚玉璧等，2008；李兴华等，2011；郭连云等，2011）。草地生态系统的生产力主要表现为地上生产力水平，温度、水分、温室气体等关键因子的变化及其耦合的影响是复杂的，不同类型草地的响应各异。

1.5　气候变化对草地土壤有机碳的影响

　　土壤有机碳库是草地生态系统最重要的碳库，是草地生态系统碳循环过程的主要媒介，因此草地浅层土壤有机碳的动态变化对草地碳库至关重要，也对预测不同气候变化下草地碳循环动向有深远意义（陶贞等，2013）。气候是影响土壤碳储量的重要因素之一，气候变化对植被和微生物群落具有显著的影响，从而改变土壤有机碳的输入和输出（Jenkinson et al.，1991；杨红飞等，2012）。

　　温度不仅影响凋落物输入，也对土壤有机碳分解速率具有显著的影响。统计发现，气候变暖会加速土壤碳分解并排放至大气中，从而加剧全球变暖（Lenton et al.，2003）。升温引起的土壤微生物量和活性增强是造成土壤有机碳加速分解的关键因素。温度不仅对土壤有机碳含量具有显著的影响，并且增温也将改变土壤有机碳组分。增温条件下，土壤总有机碳无明显变化，而活性碳含量显著增加（Hyvǒnen et al.，2005；Belay et al.，2009），但随着温度持续升高，活性碳含量的增加趋势将降低（Knorr et al.，2005）。

　　降水可以直接影响植被的生长，也可以通过影响土壤含水量、微生物群落结构与活性，从而间接影响土壤呼吸。适中降水能够促进高寒草甸土壤微生物呼吸，但当降水量过高时土壤呼吸基本不变（Zhao et al.，2006）。不同类型生态系统土壤呼吸对降水的响应有所不同，如在较湿润区域，降水抑制呼吸作用，而在干旱地区，降水显著促进土壤呼吸（陈全胜等，2003）。另外，降水的淋洗作用促进枯落物向土壤转移并丰富呼吸作用底物，但强降水造成土壤含水率过高，也会抑制呼吸分解（Davidson et al.，2000）。

CO_2 浓度的增加有利于植物光合作用，提高植物生产力，改变凋落物成分，进而增加土壤碳输入量，但 CO_2 浓度对土壤内部的碳转化过程并没有明显影响（陈春梅等，2008）。其原因是在碳素输入增加的同时，土壤的呼吸作用也会受到抑制（Verburg et al.，1998）。较高 CO_2 浓度会抑制土壤微生物和植物根系呼吸，而由于土壤孔隙自身具有较高的 CO_2 浓度，短期内其对土壤碳库源/汇倾向不会有显著改变，但长期来看会加强碳汇（Lin et al.，1999）。目前，以降水、气温、温室气体为代表的气候变化对土壤碳库协同作用影响的研究方兴未艾，由于受多种其他因素影响，不同草地类型、管理措施和时空尺度得到的结果不同（方精云等，1996；Burke et al.，1997）。

1.6 草地生产力和土壤有机碳的模型模拟

20 世纪 70 年代中期基于草地碳循环的动态过程并以多种因素驱动生态过程模型飞速发展（Smith et al.，1997），如 CENTURY、DNDC、NCSOIL、RothC 等模型均可用于预测土壤有机碳长期变化（Molina et al.，1983；Li et al.，1992；Parton et al.，1996；Gijsman et al.，1996）。CENTURY 模型由美国科罗拉多州立大学的 Parton 等（1987）建立，起初用于模拟北美大草原植被与土壤间碳、氮、磷、硫等元素的长期演变过程，后经发展改进，已在世界多个国家和地区的草原、农田、森林等生态系统研究中获得了适应性验证和使用，主要用于研究气候变化与人为管理活动对生态系统碳循环的影响（Parton et al., 1995, 1998; Grosso, 2016; Gryze et al., 2010）。CENTURY 模型的主要输入参数有气温和降水等气象因子，土壤质地、持水量、萎蔫点等土壤因子和其他植被生长因子，能够输出浅层土壤有机碳、有机元素含量、地上地下生物量等特征量的模拟结果。经过大量的验证和研究，该模型已经被广泛应用于美国大平原和欧亚非等地区的多种生态系统（Sparling et al., 2004; 周晓, 2010; Xu et al., 2011）。我国较早应用了该模型，通过敏感性试验研究了陆地植被与 CO_2、气温、降水等之间的关系（肖向明等, 1996），以及对气候变化的响应，也通过模型评估了不同气候变化背景、不同放牧强度下内蒙古地区草地生产力的变化情况（陈辰, 2012; 李秋月, 2015），该模型也在青藏高寒地区生产力模拟中得到初步研究应用（吕新苗和郑度, 2006; 李东, 2011; 莫志鸿, 2012）。

CENTURY 模型在国内外土壤有机碳研究的广泛应用始于 20 世纪 90 年代，并由草地生态系统推广到其他生态系统。最先由模型开发团队对世界主要草地类型的碳储量变化进行了模拟，在研究放牧对土壤主要有机元素的影响中得到较好效果（Parton et al., 1993），该模型也在其他生态系统中得到较好的验证，如针对巴西强淋溶土和俄罗斯库尔斯克不同耕作方式下土壤有机碳的动态模拟与实测一致（Mikhailova et al., 2000; Leite et al., 2004），在研究管理措施对地中海半干旱区浅层土壤有机碳的影响中也取得了可信的成果（Lvaro et al., 2009）。综合多种长时间模拟后表明，CENTURY 模型在草地和作物生态系统中的验证模拟结果最好（Kelly et al., 1997）。我国草地生态系统的 CENTURY 模型相关研究主要集中在内蒙古温性草地和青藏高寒草地，起初对内蒙古羊草草原和锡林河流域典型草原有机质储量和周转进行了模拟（肖向明等, 1996; 李凌浩等, 1998），在进行放牧强度对其碳储量的影响研究后又经过进一步研究推广到本区其他温性草地类型和典型站点（张存厚, 2013; 包萨茹, 2016; 陆丹丹,

2016），也对其变化的气候敏感性进行了分析（郭灵辉等，2016）。该模型在青藏高原也有初步的研究，如利用 CENTURY 模型模拟青藏多种高寒草地生态系统代表站点 1960—2002 年土壤碳含量的变化特征（张永强等，2006），尤其是对青海海北地区高寒草甸土壤有机碳的动态分析与观测值显示出较好的一致性（李东，2011）。此外，综合对比多种草地类型草地土壤有机碳对不同温室气体排放情景下的动态响应也有初步研究（莫志鸿，2012）。

1.7　气候变化对生态系统碳收支的影响

陆地生态系统碳收支是指在一定时间内特定区域的植被、土壤与大气之间碳交换的净通量（于贵瑞，2003）。生态系统总初级生产力是植被-土壤系统从大气的碳输入量，呼吸作用是植被-土壤系统向大气排放 CO_2 的途径，呼吸作用与生态系统总初级生产力的碳排放差为净生态系统碳交换（Law et al.，2002）。温度和降水都会直接或通过土壤温度、湿度间接影响植物生理状态和土壤微生物活动等生理过程来影响草地初级生产力、碳排放和草地碳储量（李琪等，2011；穆少杰等，2014；Hasbagan et al.，2015），而 CO_2 浓度和氮沉降也能直接影响生态系统结构和功能，调控生态系统过程对其他环境因子的响应和适应（Cheng et al.，2009；李卓琳，2014；梁艳，2016）。

温度升高一方面可能使植被的生长季延长、光合速率提高，增加碳输入量；另一方面使土壤微生物活性增强，加速土壤有机碳的分解速率和土壤呼吸，增加土壤向大气的碳输出量。温度会通过影响酶活性以及 CO_2 和 O_2 在细胞内的溶解性等来影响植物光合作用能力，进而影响生产力（金云峰等，2015；王一峰等，2017）。气温升高，植被的生长季提前或延长，促进地上生物量的积累（李月臣等，2006）；增温显著增加牧草的生长速率，进而提高地上净初级生产力（徐广平，2010）；温度升高提高了植物的碳同化速率（Niu et al., 2008；Peichl et al., 2011；Cahoon et al., 2012）。有研究认为，只有在温度成为限制因子的草地中，温度对植物生长的驱动作用更强。在北方草地生物量碳库研究中，高寒草甸地上生物量与年均温呈显著正相关，但除高寒草甸外，其他草地类型地上生物量与温度均不相关（马文红等，2010）。在青藏高原高寒草甸生态系统研究中，适度增温促进碳吸收，增温过度则降低碳吸收（耿晓东等，2017）。而在温度较高的地区，蒸散加强和土壤变干导致植物光合速率下降，如在干旱半干旱地区较高的温度可能导致草地生产力下降（袁飞等，2008）。增温可提高土壤呼吸速率（Strebel et al., 2010），但当温度升高超过一定的范围，或超过一定的时间，由于生态系统的适应性，土壤呼吸将不再发生显著变化（Boeck et al., 2007；Chang et al., 2011）。

降水量是影响草地植物群落生物量的重要气候因素（Tomoko et al., 2010；February et al., 2013）。降水通过影响植物的生长，调节碳素由大气向草地的输入；降水也可以通过影响土壤呼吸作用，进而影响生态系统碳素的输出过程。降水可通过改变植物叶片净光合速率、气孔导度、胞间CO_2浓度和蒸腾速率（吴建国，2010），进而影响地上生物量的积累（李媛媛等，2012）。降水增加通过改变土壤含水量，提高地上生物量（马文红等，2010），增加生态系统碳输入量，提高生态系统碳库含量，加速生态系统碳循环（Fu et al., 2011）。基于全球范围内 118 个草地定位观测试验站的资料分析，草地生态系统生产力的年际波动随降水格局的改变而改变（Yang et al., 2008）。有研究指出，对草地生产力起控制作用的是对植物生长有作用的有效降水，降水波动对草原地上初级生产力的影响是一个累积效应，是特定时期的累积降水量，与年降水和月降水无显著相关（王玉辉等，2004）。在长时间尺度上降水量是控制草地生产力的关键因子，而在相对较小的时空尺度上降水时间分布（单次降雨强度、降雨频度）的变化对草地碳循环的影响更为强烈（Heisler et al., 2008；Thomey et al., 2015；张晓琳等，2018）。降水对土壤呼吸的影响存在差异，有研究认为强降水使土壤温度降低，进而抑制土壤呼吸和 CO_2 通量（Casals et al.，2011），也有研究认为降水增多，土壤含水量增加，促进土壤呼吸作用（Mcculley et al.，2015）。在高寒草甸研究中，降水频繁会降低土壤呼吸（吴琴等，2005）。降水增加对碳吸收有一定促进作用（Niu et al.，2008），但在干旱状况下，生态系统初级生产力和呼吸均降低，由于生产力降低更快，降低了生态系统对 CO_2 的净吸收（Li et al.，2016）。降水年际变化是影响草地碳源/汇转换的关键生态因子（陈四清，2002），对青藏高原纳木措地区的高寒草原进行 CO_2 净交换观测表明，降水格局使生态系统碳吸收或排放呈现年际差异，干旱使高寒草原表现为弱的碳源（朱志鹃等，2015）。

CO_2 浓度升高通过影响植物的生理状态和土壤微生物活性等来影响草地的碳循环过程。CO_2 浓度的升高会影响植物的生长发育和生理特性（Ge et al.，2011），影响生态系统的能量平衡和养分循环（杨峰等，2008）。CO_2 浓度升高会加强植物的光合作用（王慧，2016），增加碳吸收，进而促进生物量累积（李卓琳等，2014）。在草原生态系统，CO_2 浓度的升高能够促进瑞士草原、新西兰草原、堪萨斯高草草原以及科罗拉多矮草草原的生产力（Morgan et al.，2011）。CO_2 的间接作用主要是通过增加植物的水分利用效率以及加强土壤的持水能力进而影响植物的生长发育（Shi et al.，2013）。CO_2 浓度升高对植物光合作用的影响也受氮供应水平的影响（杨峰等，2008）。同时，CO_2 浓度的增加也会影响微生物的相互作用，而其转化过程又会影响营养供应和草地生态系统碳储量（Pregitzer，2007）。CO_2 浓度增加改变了土壤真菌的新陈代谢，增加了降解来源于植物体中含碳化合物的胞外酶量（Chung et al.，2006）。CO_2 浓度的增加，导致运转到根系的碳水化合物增加，根际环境、根际微生物活性、微生物群落结构以及菌根共生体的形成发生变化，进而影响草地生态系统碳的动态变化（陈静等，2004；曲桂芳，2016）。

多气候变化因子对草地生态系统碳循环过程的影响，可能表现为单因子主导、协同或拮抗作用。增温和降水共同影响的研究表明，小幅度升温对土壤湿度影响不大，增温通过减少土壤含水量间接影响植物生长发育是微弱的，但高温胁迫可能会直接损害植物的光合系统，减少土壤湿度，加大干旱对光合能力的影响（干珠扎布，2013；张立欣，2013）。增温和CO_2浓度升高的共同作用取决于环境温度是否达到或超过植物的最适温度。当环境温度低于植物生长最适温度时，CO_2浓度升高和增温对植物生物量有协同的正效应，而当环境温度高于植物生长最适温度时，CO_2浓度升高与增温可能产生拮抗效应，此时植物生物量的变化取决于CO_2浓度升高是否能够补偿增温对植物造成的负效应（Yu et al.，2012）。模拟降水量变化与CO_2浓度升高的影响，在当前CO_2浓度下，随着降水量的增加生物量随之增加；在未来CO_2浓度升高的背景下，高降水量对生物量的积累并无显著的促进作用，CO_2浓度升高可以补偿低水分条件对植物生长发育所造成的不利影响（刘玉英等，2015）。

1.8　生态系统碳收支的模型模拟

模型模拟是预测未来气候变化背景下生态系统碳收支动态的重要研究方法。生态系统过程模型作为评估区域碳收支的重要工具，在精细的空间尺度参数化方案和空间化植被、环境数据的支撑下，能够模拟生态系统碳循环的空间格局（Tao et al.，2007；Wang et al.，2009）。目前已开发出多个生态过程机理模型来研究生态系统碳循环（Cramer et al.，1999），包括BIOME-BGC、CASA、TEM、CENTURY、Daycent 等。由于对大气-植被-土壤间碳交换过程考虑较为全面（彭少麟等，2005；毛留喜等，2006），各模型在气候变化影响高寒草甸碳过程研究中也得到较好的验证和应用（亓伟伟等，2012；邹德富，2012；李猛等，2016；耿元波等，2018）。其中 Daycent 模型可模拟植物-土壤系统中碳循环相关的主要过程，以"天"为步长对草地生态系统碳交换过程进行模拟。

Daycent 模型是基于过程的生态系统模型，是以"天"为步长的 CEN-TURY 模型（即 Daily-CENTURY）。Daycent 模型将 CENTURY 模型从集中于土壤碳及生态系统生产力的模拟扩展到了生态系统温室气体排放的模拟上来（Parton et al.，2001）。Daycent 模型对北美草原大气 CO_2 浓度上升模拟试验表明，大气 CO_2 浓度上升会导致植物生产力和土壤呼吸增加，且与南怀俄明的 FACE 试验及科罗拉多的 OTC 试验结果一致（Parton et al.，2007）。国外学者利用 Daycent 模型模拟了英国草地 N_2O 排放的空间和年际变化，并测试了 N_2O 排放对土壤和气候输入的敏感性（Fitton et al.，2017），Daycent 模型模拟还被应用于欧洲草原生态系统 N_2O 和一氧化氮（NO）排放的模拟（Kuhnert et al.，2011），在新西兰牧场，N_2O 的排放及贡献也得到较好的模拟（Stehfest et al.，2004）。Daycent 模型能合理地模拟出蒙古国温带草原不同放牧条件下植被盖度和生物量的季节性与年际变化动态，表明该模型能够及时、可靠地模拟植被状况（Nandintsetseg et al.，2012）。Daycent 模型作为生物地球化学模型，能充分考虑大气-土壤-植被间碳交换过程，能够较好地支持生态系统碳收支方面的模拟研究（毛留喜等，2006）。

第二章 青藏高原高寒草地气候变化时空特征

　　青藏高原地处我国西南部，北纬 26°50′～39°19′，东经 78°25′～103°04′，包括西藏自治区、青海省、四川省西北部、甘肃省南部，平均海拔 4 000 m 以上，有"世界屋脊"之称。在独特的高寒气候条件下，从东南到西北依次分布着高寒草甸、高寒草原、高寒荒漠 3 种高寒草地类型（贺有龙等，2008）。青藏高原高寒草地作为世界上海拔最高的草地生态系统，对气候变化极为敏感（Alistair，2016）。本书第二、第三、第四章根据 1∶100 万中国植被图（中国科学院中国植被图编委会，2001），从中提取高寒草甸、高寒草原、高寒荒漠 3 种高寒草地植被类型作为研究范围（图 2-1）。

　　本章使用的长时间序列气候数据（气温、降水和潜在蒸散量）来自英国东安格利亚大学（University of East Anglia）气候研究部（Climate Research Unit）提供的地表气候变量高分辨率数据集 CRU-TS3.23，该数据集包含了 1901—2014 年的气候数据，空间分辨率为 0.5°×0.5°（经纬度），时间分辨率为 1 个月。本章提取了 1981—2013 年逐月降水量、平均气温、潜在蒸散量等气候因子数据。该系列的数据质量高、内容丰富，在全球变化研究中被广泛应用（Folland et al.，2001；Jones et al.，2001）。数据集包含了与青藏高原毗邻的中亚和南亚各国气候站点的数据，这些站点的数据对西藏数据的插值带来有用的信息，弥补了青藏高原本身气象站点稀少的不足。为了与 NDVI 遥感数据相匹配，空间分辨率变换到 8 km，并计算得到年均气温、年总降水量、年总潜在蒸散量及月平均气温、月总降水量、

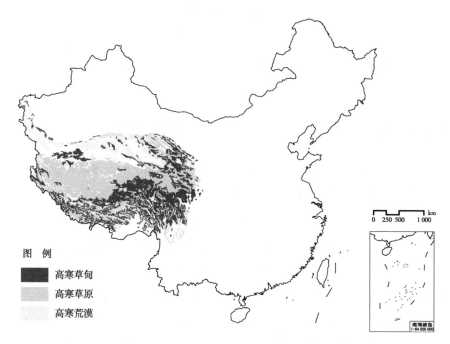

图2-1 研究区域及主要草地类型空间分布（彩图见附图2-1）

月总潜在蒸散量，进而分析每个像元气候因子的变化趋势，采用时间序列
的相关系数表示其变化趋势（趋势系数）（Piao et al.，2006）。

$$r_{xt} = \frac{\sum_{i=1}^{n}(x_i - \bar{x})(i - \bar{t})}{\sqrt{\sum_{i=1}^{n}(x_i - \bar{x})^2 \sum_{i=1}^{n}(i - \bar{t})^2}} \tag{2-1}$$

其中，n 为年份序号；x_i 为第 i 年某像元的气候因子；$\bar{x}$ 为该像元多年气候因子
平均值；$\bar{t} = (n+1)/2$；r_{xt} 为正（负）值时，表示该像元气候因子在所计算时
段内有线性增加（减少）的趋势。如果 r_{xt} 通过 0.05 或 0.01 的显著性水平检
验（$P<0.05$ 或 $P<0.01$），则认为增加或减小趋势显著或极显著。

采用变异系数（Coefficient of Variation，CV）表征气候因子的年际波
动情况。

$$CV = \left(\frac{S}{\bar{x}}\right) \times 100 \tag{2-2}$$

其中，CV 是变异系数；$\bar{x}$ 是气候因子的均值；S 是气候因子的标准差。

2.1 青藏高原高寒草地气温时空变化特征

2.1.1 青藏高原高寒草地气温年际时空变化特征

年均气温趋势系数的空间分布表明，1981—2013 年，青藏高原高寒草地大部分区域呈增温趋势，且温度显著上升的面积（$P<0.05$）占草地总面积的90%，其中，极显著上升的区域（$P<0.01$）占草地总面积的85%。青藏高原南部和西部的增温趋势尤为显著。10%的区域无显著的线性变化趋势，主要分布在青藏高原东北部（图2-2）。年均气温变异系数的空间分布显示，青藏高原高寒草地绝大部分区域气温的变异系数小于5%，波动较小。少部分区域变异系数在5%以上，主要分布在青藏高原北部边缘高寒荒漠分布范围内（图2-3）。

对气温空间数据进行统计分析得到青藏高原高寒草地整体逐年均气温及其变化趋势。结果表明，1981—2013 年，年均气温为-2.94~-1.09 ℃。其中，年均气温最小值出现在1983 年，最大值出现在1999 年。青藏高原高寒草地年均气温呈显著上升趋势（$P<0.01$），1981—2013 年上升1.15 ℃，上升速率为0.35 ℃/10 a（图2-4）。

1981—2013 年，青藏高原3 种主要草地类型分布区的年均气温依次为高寒荒漠>高寒草甸>高寒草原。高寒草甸年均气温为-2.14~-0.35 ℃，最大值和最小值分别出现在1999 年和1983 年。1981—2013 年气温上升1.07 ℃，上升速率为0.33 ℃/10 a。高寒草原年均气温为-3.81~-1.88 ℃，最大值和最小值分别出现在1999 年和1983 年。1981—2013 年上升1.18 ℃，上升速率为0.36 ℃/10 a。高寒荒漠年均气温为-1.55~0.37 ℃，最大值和最小值分别出现在1998 年和1983 年。1981—2013 年上升1.23 ℃，上升速率为0.37 ℃/10 a。其中，高寒荒漠增温幅度最大，而高寒草甸增温幅度最小（图2-4）。

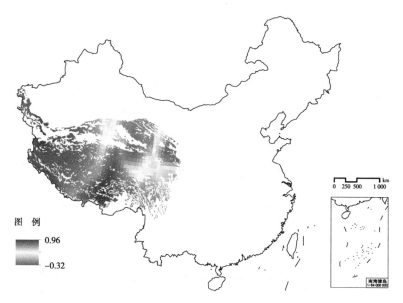

图 2-2 1981—2013 年青藏高原高寒草地年均气温趋势系数空间分布（彩图见附图 2-2）

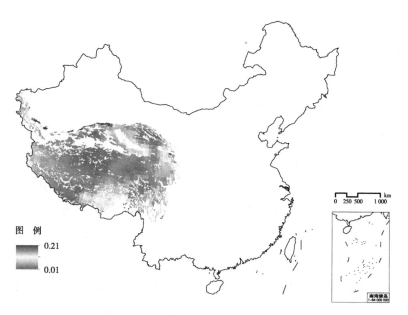

图 2-3 1981—2013 年青藏高原高寒草地年均气温变异系数空间分布（彩图见附图 2-3）

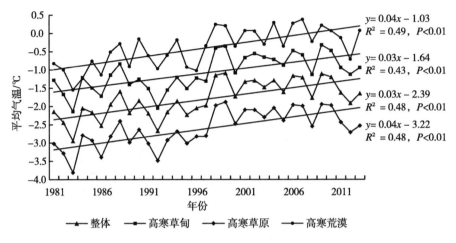

图 2-4　1981—2013 年青藏高原不同草地类型年均气温变化趋势

2.1.2　青藏高原高寒草地月平均气温变化特征

1981—2013 年，高寒草地整体及各草地类型的月平均气温表现出显著的季节动态。高寒草地整体 7 月平均气温最高，为 9.0 ℃，1 月最低，为 -13.2 ℃。5—9 月（生长季）月平均气温在 0 ℃ 以上，其他月份（非生长季）月平均气温均在 0 ℃ 以下。

各草地类型中，高寒草甸 5—9 月月平均气温在 0 ℃ 以上，其他月份月平均气温均在 0 ℃ 以下，7 月平均气温最高，为 9.0 ℃，1 月最低，为 -12.0 ℃；高寒草原 5—9 月月平均气温在 0 ℃ 以上，其他月份月平均气温均在 0 ℃ 以下，7 月平均气温最高，为 8.1 ℃，1 月最低，为 -13.8 ℃；高寒荒漠 4—9 月月平均气温在 0 ℃ 以上，其他月份平均气温均在 0 ℃ 以下，7 月平均气温最高，为 12.3 ℃，1 月最低，为 -14.3 ℃。7 月最高月平均气温中，高寒荒漠>高寒草甸>高寒草原，1 月最低月平均气温中，高寒荒漠<高寒草原<高寒草甸。高寒荒漠 7 月温度最高，而 1 月温度最低，年内温差最大（图 2-5）。

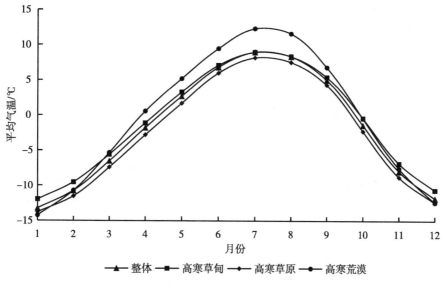

图2-5　1981—2013年青藏高原月平均气温分布

2.2　青藏高原高寒草地降水量时空变化特征

2.2.1　青藏高原高寒草地降水量年际间时空变化特征

年降水量趋势系数的空间分布表明，1981—2013 年，青藏高原高寒草地年降水量的变化趋势有明显的空间差异。降水趋势呈显著增长（$P<0.05$）的区域面积占比为 19%，主要分布在西藏自治区的日喀则市东部、那曲市南部和拉萨市，青海省格尔木市、玉树市的部分地区和青海湖周边。无显著变化的区域面积占 81%，显著减少（$P<0.05$）的区域小于 1%（图 2-6）。从年降水量变异系数的空间分布来看，1981—2013 年，青藏高原高寒草地变异系数均大于 8%，30%以上的地区变异系数达到 20%以上，整体波动较大，且变异系数由东南向西北递增（图 2-7）。

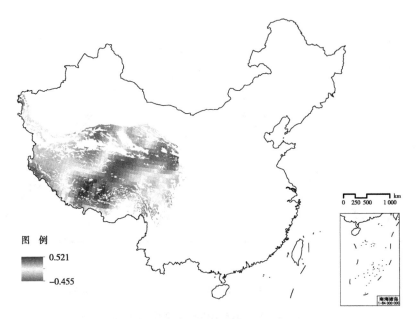

图 2-6 1981—2013 年青藏高原高寒草地年降水量趋势系数空间分布（彩图见附图 2-6）

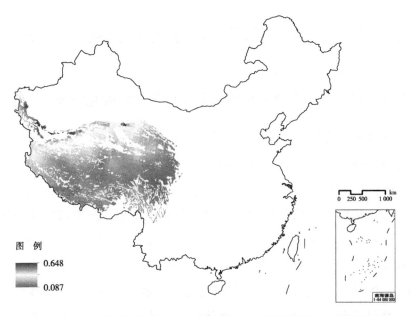

图 2-7 1981—2013 年青藏高原高寒草地年降水量变异系数空间分布（彩图见附图 2-7）

青藏高原高寒草地年降水量变化特征的结果表明，1981—2013 年，年降水量均分布在 300~455 mm。其中，最小值出现在 1994 年，最大值出现在 1998 年，无显著的线性趋势。1981—2013 年，青藏高原高寒草地年际降水量的变异系数为 8.3%，存在一定的年际波动（图 2-8）。

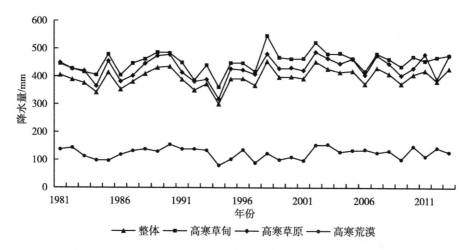

图 2-8　1981—2013 年青藏高原不同类型草地年降水量变化趋势

各草地类型的年降水量依次为高寒草甸>高寒草原>高寒荒漠，其中，高寒荒漠的年降水量远低于其他草地类型。高寒草甸年降水量分布在 361~546 mm，最大值和最小值分别出现在 1998 年和 1994 年，变异系数为 8.1%，有一定的年际波动；高寒草原年降水量分布在 319~488 mm，最大值和最小值分别出现在 2002 年和 1994 年，变异系数为 9.1%，有一定的年际波动；高寒荒漠年降水量分布在 80~155 mm，最大值和最小值分别出现在 1990 年和 1994 年，变异系数为 16.1%，年际波动较大（图 2-8）。

2.2.2　青藏高原高寒草地月降水量动态

1981—2013 年，高寒草地整体、高寒草甸和高寒草原的月降水量平均值表现出显著的季节性，而高寒荒漠月降水量的季节性则相对较弱。高寒草地一年中 80% 以上的降水量集中在 5—9 月（生长季），整体呈现雨热同期的特点，7月降水量最高，为90 mm，12月最低，为5 mm。各类型草地中，高寒草甸月降水量最高为103 mm，最低为4 mm；高寒草原最高为100 mm，最低为6 mm；高寒荒漠最高为20 mm，最低为6 mm。以上3种主要草地类型最高月降水量均出现在7月，最低则出现在1月或12月。各草地类型中，高寒荒漠生长季降水量远小于其他两个草地类型，非生长季的降水量则和其他草地类型差异较小（图2-9）。

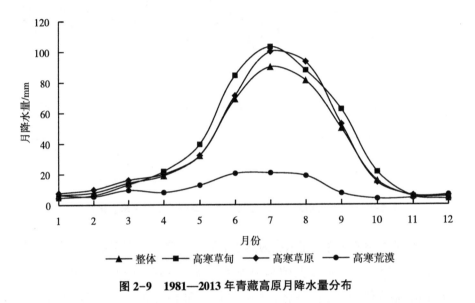

图2-9　1981—2013年青藏高原月降水量分布

2.3　青藏高原高寒草地潜在蒸散量的时空变化特征

潜在蒸散量是指在水分供应足够充足的条件下土壤蒸发和植物蒸腾所消耗的水分，即实际蒸散量的上限，是大气蒸发能力的一种度量，通常作为气候干旱程度和植被耗水的重要指标。由于实际蒸散量的难获取性，通常把潜在蒸散量作为区域水分条件的重要衡量指标，与降水量一起反映区域的水分状况（赵东升等，2009）。

2.3.1　青藏高原高寒草地潜在蒸散量年际间时空变化特征

年潜在蒸散量趋势系数空间分布显示，1981—2013 年，青藏高原高寒草地年潜在蒸散量变化趋势有明显的空间差异。显著增加的面积占草地面积的 53%，集中分布于青藏高原东北部柴达木盆地以东、西北部及南部四川省境内。无显著变化趋势的区域面积占 44%，主要分布于青藏高原中部、北部柴达木盆地以西和东部青海湖以南的区域。显著减少的区域面积占 3%，主要集中分布于西藏自治区日喀则市（图 2-10）。从年潜在蒸散量变异系数的空间分布来看，青藏高原高寒草地变异系数基本在 5% 以内，波动较小（图 2-11）。

1981—2013 年，青藏高原高寒草地年潜在蒸散量分布在 744~809 mm。其中，最低值出现在 1993 年，最高值出现在 2009 年。整体上呈显著增加

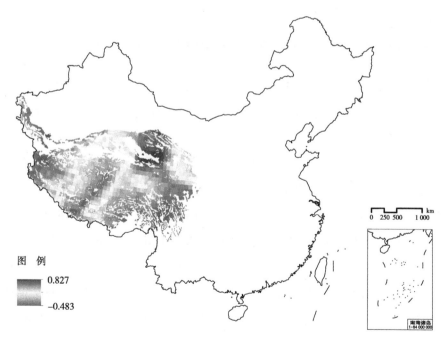

图 2-10　1981—2013 年青藏高原高寒草地年潜在蒸散量趋势系数空间分布（彩图见附图 2-10）

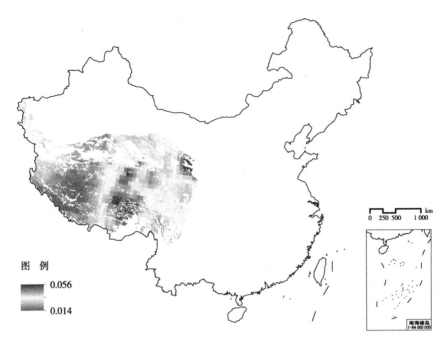

图 2-11　1981—2013 年青藏高原高寒草地年潜在蒸散量变异系数空间分布（彩图见附图 2-11）

（$P < 0.01$）的趋势，33 年以来平均上升 27.1 mm，上升速率为 8.2 mm/10 a。青藏高原高寒草地年际降水量的变异系数为 1.9%，年际波动小（图 2-9）。

从不同的草地类型来看，1981—2013 年，3 种主要草地类型年潜在蒸散量从大到小依次为高寒荒漠>高寒草甸>高寒草原。高寒草甸年潜在蒸散量分布在 733~812 mm，最大值和最小值分别出现在 2009 年和 1993 年，呈显著增加（$P<0.01$）的趋势，33 年以来共上升 30.7 mm，上升速率为 9.3 mm/10 a，变异系数为 2.2%，年际波动较小（图 2-11）；高寒草原年潜在蒸散量分布在 725~782 mm，最大值和最小值分别出现在 2009 年和 1993 年，33 年以来潜在蒸散量平均上升 16.4 mm，上升速率为 5.0 mm/10 a，变异系数为 1.8%，年际波动较小（图 2-11）；高寒荒漠年潜在蒸散量分布在 831~899 mm，最大值和最小值分别出现在 2013 年和

1996年，33年以来平均上升33.1 mm，上升速率为10.0 mm/10 a，变异系数为2.3%，年际波动较小。高寒荒漠年潜在蒸散量上升速率最快，高寒草原最慢（图2-12）。

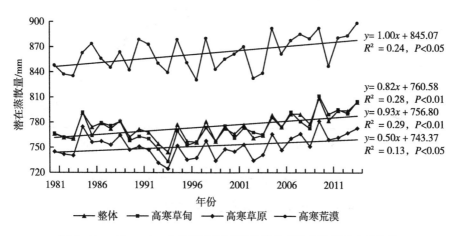

图2-12 1981—2013年青藏高原不同草地类型潜在蒸散量变化趋势

2.3.2 青藏高原高寒草地潜在蒸散量月际变化特征

1981—2013年，高寒草地的平均月潜在蒸散量表现出显著的季节动态，5—9月（生长季）潜在蒸散量占全年的60%以上（图2-13）。高寒草地全区6月潜在蒸散量最高，为103 mm，1月最低，为26 mm。各草地类型中，高寒草甸月潜在蒸散量6月最高，为99 mm，1月最低，为29 mm；高寒草原月潜在蒸散量6月最高，为102 mm，1月最低，为25 mm；高寒荒漠月潜在蒸散量7月最高，为125 mm，1月最低，为20 mm。不同类型草地中，高寒荒漠夏季潜在蒸散量高于其他类型草地，冬季则小于其他类型草地。

2.4 小结

青藏高原高寒草地在1981—2013年呈现暖干化趋势。青藏高原高寒草

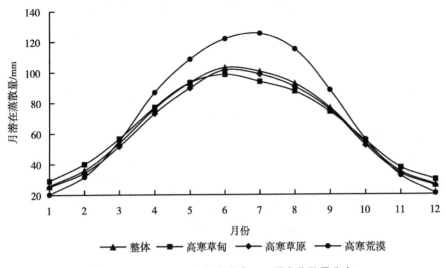

图 2-13　1981—2013 年青藏高原月潜在蒸散量分布

地年均气温呈显著上升趋势（$P<0.01$），33 年平均上升 1.15 ℃。上升速率为 0.35 ℃/10 a。青藏高原高寒草地年均气温为 -2.94~-1.09 ℃，均在 0 ℃以下。高寒草甸、高寒草原、高寒荒漠的年均气温分布区间分别为 -2.14~-0.35 ℃、-3.81~-1.88 ℃、-1.55~0.37 ℃。年均气温的大小关系为高寒荒漠>高寒草原>高寒草甸。青藏高原高寒草地月际间温差大，5—9 月（生长季）月平均气温在 0 ℃以上，其他月份（非生长季）月平均气温则均在 0 ℃以下，最高为 9.0 ℃，最低为 -13.2 ℃。

青藏高原高寒草地年降水量为 300~455 mm，无显著变化趋势。高寒草甸、高寒草原、高寒荒漠的年降水量分布区间分别为 361~546 mm、319~488 mm 和 80~155 mm。年降水量大小依次为高寒草甸>高寒草原>高寒荒漠。青藏高原降水量多集中在生长季，高寒草甸、高寒草原生长季降水量占全年降水量的 80% 以上，高寒荒漠生长季降水量占全年降水量的 60% 以上。

1981—2013 年，青藏高原高寒草地潜在蒸散量整体上呈显著增加（$P<0.01$）的趋势，平均增长速率为 8.2 mm/10 a。年潜在蒸散量为 744~809 mm，

约是年降水量的 2 倍。高寒草甸、高寒草原、高寒荒漠的年潜在蒸散量分布区间分别为 733~812 mm、725~782 mm、831~899 mm。年潜在蒸散量大小依次为高寒荒漠>高寒草甸>高寒草原。青藏高原高寒草地潜在蒸散量存在季节间差异，生长季潜在蒸散量大，而非生长季尤其是冬季小。高寒草原和高寒荒漠生长季潜在蒸散量占全年降水量的 60% 以上，高寒草甸生长季潜在蒸散量占全年降水量的 58%。

自 1981 年以来，青藏高原气候呈暖干化趋势，具体表现为气温显著升高，潜在蒸散量显著增加，降水无显著变化。有研究表明，近 50 年来，青藏高原年均气温以 0.3 ℃/10 a 的速率上升，几乎是全球变暖速率的 3 倍（Qiu，2008）。不同类型草地变暖的幅度不尽相同。高寒荒漠变暖幅度最大，有相关研究表明，青藏高原北部边缘地区气候变暖要明显于腹地（李林等，2010），这与本章的研究结果一致。青藏高原高寒草地降水量分布存在空间和季节上的差异。从草地类型上来看，高寒草甸的降水量最多，而高寒荒漠的降水量远低于其他类型。从季节差异上来看，青藏高原高寒草地降水多集中在生长季，占全年降水量的 80% 以上。其中，高寒荒漠夏季降水量远低于其他类型，且冬夏降水量差值最小，这与林厚博等（2015）的研究结果一致。青藏高原潜在蒸散量有显著增高的趋势，以往对青藏高原潜在蒸散量的研究也有相近的结论（周秉荣等，2014）。潜在蒸散量同样存在空间和季节上的差异。高寒荒漠的潜在蒸散量远大于其他类型草地且年际增速最大，其增长趋势加剧了高原草地暖干化趋势。潜在蒸散量生长季高而非生长季相对较低，生长季潜在蒸散量占全年的 60%以上。

第三章　青藏高原高寒草地植被
时空特征

青藏高原高寒草地是北半球气候的启动区和调节区，其是否稳定会对我国乃至北半球的气候产生明显的影响（秦彧等，2012；武高林等，2007）。本章采用由美国国家航天航空局（NASA）提供的第三代归一化植被指数数据集 GIMMS NDVI3g 分析高寒草地植被的时空特征。GIMMS NDVI3g 数据集具有时间序列长的特点，已被广泛应用于全球或区域尺度长时间序列植被变化动态监测等领域。该数据集时间跨度为 1981—2013 年，时间分辨率为 15 d，空间分辨率为 8 km，已经经过几何精校正、辐射校正、大气校正、图像增强等预处理。

使用 ENVI 软件对 GIMMS NDVI3g 数据进行格式转换、图像镶嵌、图像裁剪、投影转换等处理，形成青藏高原高寒草地 DNVI 时空数据集。用最大值合成法（Maximum Value Composites，MVC）对 GIMMS NDVI3g 序列数据进行平滑处理（Holben et al.，1986），提取 1981—2013 年青藏高原高寒草地 NDVI 年最大值。最大值合成法可以进一步消除云、气溶胶和太阳高度角的干扰。

植被盖度是区域生态变化的重要指标，可以直观反映植被丰度。在区域尺度研究中，利用植被指数反演植被盖度是常见手段。由于本章中采用的 NDVI 数据分辨率较低，采用亚像元模型法，即认为所有像元均为混合像元，包括土壤和植被两部分。对于混合像元，植被盖度与 NDVI 存在如下关系（Gutman et al.，1998；马俊海等，2006）。

$$v_c = \frac{NDVI - NDVI_s}{NDVI_v - NDVI_s} \tag{3-1}$$

其中，v_c为植被盖度，NDVI$_s$为研究区最小 NDVI 值（即裸土的 NDVI 值），NDVI$_v$为研究区域最大 NDVI 值或纯植被像元的 NDVI 值。

NDVI$_s$作为裸土的 NDVI 值，理论上应该趋近于 0，但由于遥感影像受大气环境等因素和地表粗糙度、土壤颜色、土壤地表湿度等因素的影响，土壤 NDVI$_s$会随着时空而变化，变化范围在 $-0.1 \sim 0.2$（Carlson et al.，1997），因此不是一个固定值。NDVI$_v$为研究区域像元最大 NDVI 值，由于植被类型、区域的不同，该值也会随着时间和空间的不同而不同。根据前人对青藏高原高寒草地盖度的研究，综合考虑，选取 0.80 和 0.05 作为 NDVI 最大值和最小值。本章采用时间序列的趋势系数表示 NDVI 和植被盖度的变化趋势，采用变异系数表征气候因子的年际波动情况，方法同第二章。

3.1　青藏高原高寒草地 NDVI 时空变化特征

3.1.1　青藏高原高寒草地 NDVI 空间变化特征

对青藏高原高寒草地 NDVI 多年均值空间分布见图 3-1。1981—2013年，NDVI 多年均值分布于 $0.03 \sim 0.96$，高值主要分布在青海省东部及四川省、甘肃省境内青藏高原部分，低值则分布在青藏高原北部新疆维吾尔自治区内及柴达木盆地边缘。在空间上表现出一定的规律性，整体由东南向西北递减（图 3-1）。这一空间分布趋势与草地类型的空间分布相吻合（自东南向西北分别为高寒草甸、高寒草原和高寒荒漠）。

NDVI 趋势系数的空间分布显示，1981—2013 年，青藏高原高寒草地 NDVI 变化趋势存在空间差异。大部分区域（占草地面积的 94%）无显著的线性趋势，显著升高（$P<0.05$）的区域占比为 4%，主要分布在青藏高原南部，而显著降低（$P<0.05$）的区域占比仅为 2%，零星分布在青藏高原东部（图 3-2）。

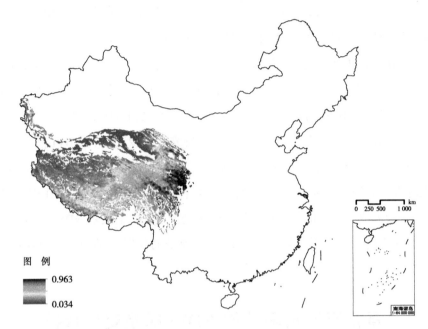

图 3-1 1981—2013 年青藏高原高寒草地 NDVI 年均值空间分布（彩图见附图 3-1）

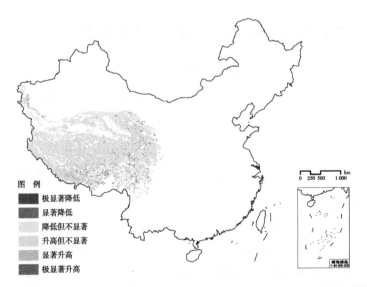

图 3-2 1981—2013 年青藏高原高寒草地 NDVI 趋势系数空间分布（彩图见附图 3-2）

从变异系数空间分布来看，1981—2013 年，青藏高原高寒草地 NDVI 年际波动程度存在明显的空间差异。变异系数<10%的区域占研究区面积的 62%，主要集中分布于青藏高原的东南部和中部。变异系数为 10%～20%的区域占研究区面积的 34%，主要分布在青藏高原北部和西部。变异系数>20%的区域仅占研究区总面积的 4%，这部分区域主要分布在青藏高原的北部和南部边缘地带（图 3-3）。

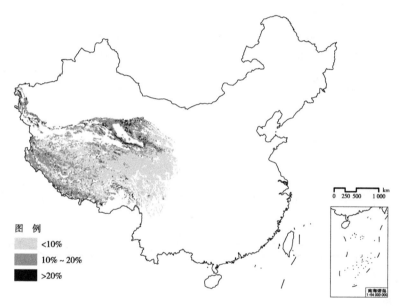

图例
<10%
10%～20%
>20%

图 3-3　1981—2013 年青藏高原高寒草地 NDVI 变异系数

空间分布（彩图见附图 3-3）

3.1.2　青藏高原高寒草地 NDVI 时间序列变化特征

青藏高原高寒草地 NDVI 多年均值为 0.37，年际波动较小，变异系数为 3%，且无显著的线性趋势。3 种主要草地类型 NDVI 波动情况与整体相似。高寒草甸、高寒草原、高寒荒漠 3 种主要草地类型 1981—2013 年年均

NDVI 分别为 0.50、0.34、0.12，依次降低（表 3-1）。高寒草甸 NDVI 平均值最小为 0.49，出现在 2003 年，最大为 0.54，出现在 2010 年；高寒草原 NDVI 平均值最小为 0.32，出现在 1995 年，最大值为 0.37，出现在 2010 年；高寒荒漠 NDVI 平均值最小为 0.11，出现在 2013 年，最大为 0.13，出现在 1994 年（图 3-4）。

表 3-1　1981—2013 年青藏高原不同草地类型 NDVI 平均值

草地类型	平均值±标准差
整体	0.37±0.25
高寒草甸	0.50±0.24
高寒草原	0.34±0.22
高寒荒漠	0.12±0.076

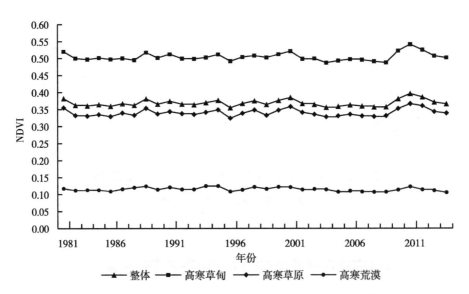

图 3-4　1981—2013 年青藏高原不同草地类型 NDVI 年际变化特征

3.2 青藏高原高寒草地植被盖度时空变化特征

3.2.1 青藏高原高寒草地植被盖度空间变化特征

1981—2013 年，青藏高原高寒草地植被盖度多年均值呈现由东南到西北递减的规律，与高原草地类型的分布相吻合，数值分布于 0～1。植被盖度多年均值的高值分布在青藏高原东南部，低值则集中在青藏高原北部新疆维吾尔自治区内和柴达木盆地边缘。青藏高原高寒草地植被盖度<20%的低植被覆盖区占草地总面积的 37%，20%～40% 的较低植被覆盖区占 20%，40%～60% 的中度植被覆盖区占 12%，60%～80% 的较高植被覆盖区占 12%，≥80% 的高植被覆盖区占 19%。青藏高原草地大部分区域属于中低植被覆盖区（图 3-5）。

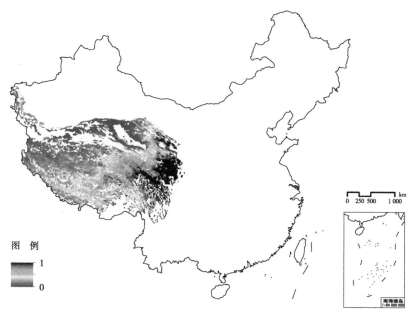

图 3-5　1981—2013 年青藏高原高寒草地植被盖度平均值空间分布（彩图见附图 3-5）

植被盖度趋势系数的空间分布显示，1981—2013 年，青藏高原高寒草地植被盖度变化趋势存在空间差异。大部分区域（占草地面积的 92%）无显著的变化趋势。显著升高（$P<0.05$）的区域占比为 6%，集中分布在青藏高原西北部和东南部。显著降低（$P<0.05$）的区域仅占 2%，零星分布在青藏高原中部（图 3-6）。

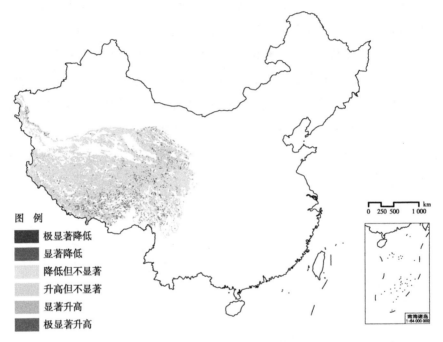

图 3-6　1981—2013 年青藏高原高寒草地植被盖度变化趋势系数空间分布（彩图见附图 3-6）

变异系数的空间分布表明，1981—2013 年，青藏高原高寒草地植被盖度整体上年际波动较小。其中，变异系数<10%的区域占青藏高原高寒草地总面积的 53%，集中分布于青藏高原的东南部；变异系数为 10%~20% 的区域占 30%，主要分布在青藏高原西部和东北部；变异系数≥20%的区域占 17%，这部分区域集中分布在青藏高原北部柴达木盆地周围及青藏高原西部、南部边缘（图 3-7）。与植被盖度多年均值的空间分布图对比来看，植被盖度越高的区域波动越小，反之波动越大。

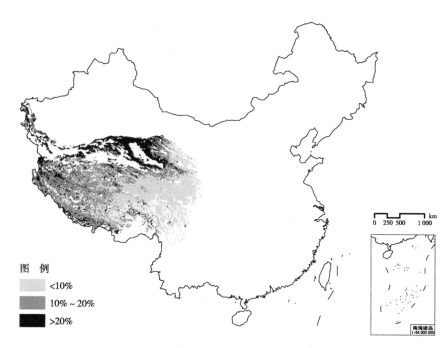

图 3-7　1981—2013 年青藏高原高寒草地植被盖度变异系数空间分布（彩图见附图 3-7）

3.2.2　青藏高原高寒草地植被盖度时间序列变化特征

植被盖度变化能直观地反映区域植被生长状况的变化情况。青藏高原全区和不同草地类型植被盖度的年际变化分析结果表明，植被盖度年际变化波动较小，且不同草地类型波动情况均与全区相似。1981—2013 年，青藏高原高寒草地年最大植被盖度均值无显著（$P > 0.05$）的线性趋势，在0.355 2~0.396 1 区间内波动，最大值和最小值分别出现在 2010 年和1995 年。

从不同的草地类型来看，1981—2013 年，高寒草甸、高寒草原和高寒荒漠年最大植被盖度多年均值分别为 0.60、0.38 和 0.09，依次降低（表 3-2）。高寒草甸植被盖度平均值在 0.58~0.64 区间内波动，最大值和

最小值分别出现在 2010 年和 2003 年；高寒草原植被盖度平均值在 0.36~
0.41 区间内波动，最大值和最小值分别出现在 2010 年和 1995 年；高寒荒
漠植被盖度平均值在 0.08~0.10 区间内波动，最大值和最小值分别出现在
1994 年和 2013 年（图 3-8）。

表 3-2　1981—2013 年青藏高原不同草地类型植被盖度平均值

草地类型	平均值±标准差
整体	0.42±0.32
高寒草甸	0.60±0.31
高寒草原	0.38±0.28
高寒荒漠	0.087±0.10

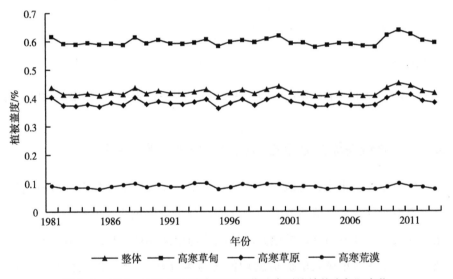

图 3-8　1981—2013 年青藏高原不同草地类型植被盖度年际变化

3.3　小结

青藏高原高寒草地全区 NDVI 年际波动较小，无明显线性趋势，空间

上显著升高（$P<0.05$）的区域集中分布在青藏高原西北部和东南部，显著降低（$P<0.05$）的区域零星分布在青藏高原中部，95%的区域未通过显著性检验。1981—2013年，高寒草甸、高寒草原和高寒荒漠3种主要草地类型平均NDVI分别为0.50、0.34和0.10，依次降低，空间上由东南向西北递减。青藏高原高寒草地年际间波动东南低，西北、西部较高，呈阶梯分布。

1981—2013年，草地植被盖度全区和不同草地类型植被盖度均值无显著（$P>0.05$）的线性趋势，空间上植被盖度有显著升高（$P<0.05$）趋势的区域集中分布在青藏高原西北部和东南部，显著降低（$P<0.05$）的区域则零星分布在青藏高原中部。92%区域未通过显著性检验。高寒草甸、高寒草原和高寒荒漠年最大植被盖度多年均值分别为59.8%、38.4%和8.7%，依次降低，空间上由东南向西北递减。青藏高原高寒草地植被盖度年际间波动东南低，西北、西部较高，呈阶梯分布。

青藏高原高寒草地年最大合成NDVI多年均值在空间上呈东南向西北递减的分布规律，与草地类型的分布相一致。NDVI和植被盖度在1981—2013年无显著的变化趋势，从空间分布来看，显著升高（$P<0.05$）的区域集中分布在青藏高原西北部和东南部，显著降低（$P<0.05$）的区域零星分布在青藏高原中部，与Zhang等（2014）的研究结果一致。有研究表明，青藏高原NDVI在1982—2010年的变化趋势有空间差异，但大部分区域未通过显著性检验（Weishou et al.，2013；Sun et al.，2016），这与本文结果基本一致。也有研究表明，青藏高原植被NDVI在1999—2008年有增长的趋势（Wang et al.，2012），可能是研究时段的不同导致了研究结果的不一致。青藏高原高寒草地植被盖度年际波动与盖度大小存在一定的相关性，高植被盖度区的年际波动较小，而低植被盖度区的年际波动则较大，这与于伯华等（2009）的研究结果类似。

第四章 气候变化对青藏高原高寒草地的影响

本章采用高寒草地 NDVI 与气候因子之间相关系数表征气候变化对高寒草地的影响，对每一个像元所对应的年（月）NDVI 值与对应年（月）降水量、气温、潜在蒸散量进行回归分析，得到相关系数的空间分布图。

$$r = \frac{\sum\limits_{i=1}^{n} (x_i - \bar{x})(y - \bar{y})}{\sqrt{\sum\limits_{i=1}^{n} (x_i - \bar{x})^2 \sum\limits_{i=1}^{n} (y - \bar{y})^2}} \qquad (4-1)$$

其中，n 为年份序号；x_i 为第 i 年（月）某像元的 NDVI 均值；$\bar{x}$ 为该像元年（月）NDVI 均值；y_i 为第 i 年（月）某像元的气候因子值；$\bar{y}$ 为该像元年（月）气候因子均值。

4.1 青藏高原高寒草地年 NDVI 与气候因子相关性

1981—2013 年，最大合成 NDVI 与年均气温相关性分析的结果表明，在青藏高原高寒草地总面积中，年最大合成 NDVI 与年均气温之间呈显著正相关（$P<0.05$）的区域占比为 11%，主要分布在昆仑山脉以南的青藏高原腹地和青藏高原南部区域；呈显著负相关（$P<0.05$）的区域占比为 4%，主要分布在青藏高原西部、青藏高原北部边缘，其他区域也有零星分布（图 4-1）。

年最大合成 NDVI 与年降水量之间相关性分析的结果显示，在青藏高原高寒草地总面积中，年最大合成 NDVI 与年降水量呈显著正相关（$P<0.05$）的区域占比为 5%，主要分布在青藏高原南部、中部和东北部；呈

显著负相关（$P<0.05$）的区域占比小于 2%，主要分布在柴达木盆地以东，其他区域也有零星分布（图4-2）。

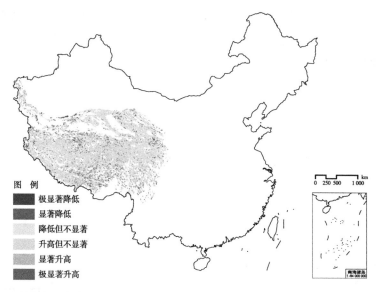

图4-1　青藏高原高寒草地 NDVI 与气温年际间相关系数空间分布（彩图见附图4-1）

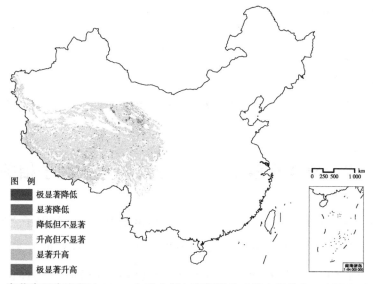

图4-2　青藏高原高寒草地 NDVI 与降水量年际间相关系数空间分布（彩图见附图4-2）

年最大合成 NDVI 与年潜在蒸散量之间相关性分析的结果显示，在青藏高原高寒草地总面积中，年最大合成 NDVI 与年潜在蒸散量呈显著正相关（$P<0.05$）的区域占比为 6%，主要分布在青藏高原南部；呈显著负相关（$P<0.05$）的区域占比为 7%，主要分布在柴达木盆地以东和青藏高原的边缘地带（图 4-3）。

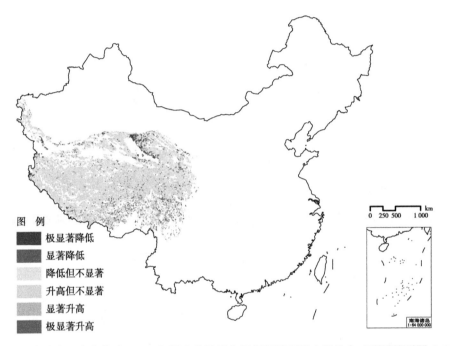

图 例
- 极显著降低
- 显著降低
- 降低但不显著
- 升高但不显著
- 显著升高
- 极显著升高

图 4-3　青藏高原高寒草地 NDVI 与潜在蒸散量年际间相关系数空间分布（彩图见附图 4-3）

4.2　青藏高原高寒草地月 NDVI 与气候因子相关性

为了更大程度地解释青藏高原高寒草地植被生长与气候因子之间的相关关系，本节选取青藏高原高寒草地生长季（5—9 月）的月最大合成 NDVI，同时考虑到植被生长对于气候变化响应的滞后性（朴世龙等，2006），分别与当月和前 1~3 个月的平均气温、降水量、潜在蒸散量做相关性分析，得到青藏高原高寒草地 NDVI 与各气候因子月际间的相关性。

4.2.1　青藏高原高寒草地月 NDVI 与平均气温相关性

基于遥感影像像元，对 1981—2013 年青藏高原高寒草地生长季各月最大合成 NDVI 与月平均气温相关性分析的结果如下（表 4-1）。5 月最大合成 NDVI 分别与当月和前 3 个月月平均气温的相关系数中，与 4 月平均气温的相关系数通过显著性检验的面积最大，占草地总面积的 17.4%，与 5 月平均气温的相关系数通过显著性检验的面积最小，占草地总面积的 8.2%；6 月最大合成 NDVI 分别与当月和前 3 个月月平均气温的相关系数中，与 5 月平均气温的相关系数通过显著性检验的面积最大，占草地总面积的 12.7%，与 3 月平均气温的相关系数通过显著性检验的面积最小，占草地总面积的 8.2%；7 月最大合成 NDVI 分别与当月和前 3 个月月平均气温的相关系数中，与当月平均气温的相关系数通过显著性检验的面积最大，占草地总面积的 8.5%，与 5 月平均气温的相关系数通过显著性检验的面积最小，占草地总面积的 5.2%；8 月最大合成 NDVI 分别与当月和前 3 个月月平均气温的相关系数中，与 7 月平均气温的相关系数通过显著性检验的面积最大，占草地总面积的 9.6%，与 5 月平均气温的相关系数通过显著性检验的面积最小，占草地总面积的 5.6%；9 月最大合成 NDVI 分别与当月和前 3 个月月平均气温的相关系数中，与 7 月平均气温的相关系数通过显著性检验的面积最大，占草地总面积的 15.0%，与 8 月平均气温的相关系数通过显著性检验的面积最小，占草地总面积的 9.2%。

统计 NDVI 对气温滞后性响应空间分布的结果表明，青藏高原高寒草地 NDVI 与当月气温显著相关（$P<0.05$）的区域占比为 38%，其中 16% 为极显著相关（$P<0.01$），主要分布在青藏高原的东南部（高寒草甸和高寒草原覆盖区）。与前 1 月平均气温显著相关（$P<0.05$）的区域占比为 39%，其中 17% 为极显著相关（$P<0.01$），零星分布在整个研究区内，以青藏高原中部较为集中。与前 2 月平均气温显著相关（$P<0.05$）的区域占比为 36%，其中

极显著相关（$P<0.01$）的区域占比为15%，主要分布在青藏高原北部。与前3月平均气温显著相关（$P<0.05$）的区域占比为34%，其中14%为极显著相关（$P<0.01$），主要分布在青藏高原东部和东北部（图4-4）。

表4-1 青藏高原高寒草地月NDVI与平均气温相关性不同检验水平

占草地总面积的比例   单位：%

月份	显著性	NDVI—5月	NDVI—6月	NDVI—7月	NDVI—8月	NDVI—9月
2月	极显著	3.3	—	—	—	—
	显著	8.1	—	—	—	—
	不显著	88.6	—	—	—	—
3月	极显著	2.1	0.7	—	—	—
	显著	6.4	2.9	—	—	—
	不显著	91.5	96.4	—	—	—
4月	极显著	6.0	1.8	2.1	—	—
	显著	11.4	5.4	5.9	—	—
	不显著	82.6	92.8	92.1	—	—
5月	极显著	2.3	1.0	1.0	1.3	—
	显著	5.9	4.0	4.2	4.3	—
	不显著	91.8	95.0	94.8	94.4	—
6月	极显著	—	4.0	1.9	1.6	3.5
	显著	—	8.7	5.0	4.9	8.0
	不显著	—	87.3	93.1	93.5	88.5
7月	极显著	—	—	2.2	2.4	5.3
	显著	—	—	6.3	7.2	9.7
	不显著	—	—	91.5	90.4	85.0
8月	极显著	—	—	—	1.2	2.5
	显著	—	—	—	4.4	6.7
	不显著	—	—	—	94.4	90.8
9月	极显著	—	—	—	—	3.6
	显著	—	—	—	—	8.6
	不显著	—	—	—	—	87.8

注：极显著（$P<0.01$），显著（$P<0.05$），不显著（$P>0.05$）。

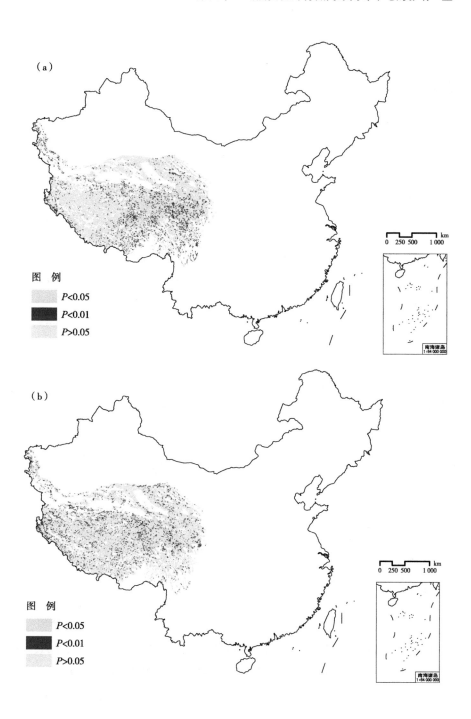

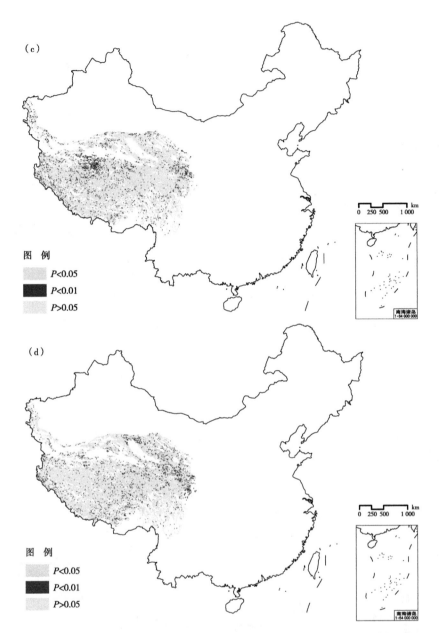

图4-4 青藏高原高寒草地 NDVI 对气温响应（a）无滞后、（b）滞后 1 个月、

（c）滞后 2 个月和（d）滞后 3 个月的空间分布（彩图见附图 4-4）

4.2.2　青藏高原高寒草地月 NDVI 与降水量相关性

生长季 NDVI 与降水量月际间相关性检验的结果表明，5 月最大合成 NDVI 分别与当月和前 3 个月月降水量的相关系数中，与当月降水量的相关系数通过显著性检验的面积最大，占草地总面积的 11.2%，与 4 月降水量的相关系数通过显著性检验的面积最小，占草地总面积的 4.0%；6 月最大合成 NDVI 分别与当月和前 3 个月月降水量的相关系数中，与 5 月降水量的相关系数通过显著性检验的面积最大，占草地总面积的 16.3%，与 3 月降水量的相关系数通过显著性检验的面积最小，占草地总面积的 3.6%；7 月最大合成 NDVI 分别与当月和前 3 个月月降水量的相关系数中，与 6 月降水量的相关系数通过显著性检验的面积最大，占草地总面积的 10.7%，与 4 月降水量的相关系数通过显著性检验的面积最小，占草地总面积的 5.2%；8 月最大合成 NDVI 分别与当月和前 3 个月月降水量的相关系数中，与 7 月降水量的相关系数通过显著性检验的面积最大，占草地总面积的 7.3%，与 5 月降水量的相关系数通过显著性检验的面积最小，占草地总面积的 5.9%；9 月最大合成 NDVI 分别与当月和前 3 个月月降水量的相关系数中，与 8 月降水量的相关系数通过显著性检验的面积最大，占草地总面积的 8.5%，与 6 月降水量的相关系数通过显著性检验的面积最小，占草地总面积的 3.6%（表 4-2）。

表 4-2　青藏高原高寒草地月 NDVI 与降水量相关性分析不同检验水平

占草地总面积的比例　　　　　　　单位：%

月份	显著性	NDVI—5 月	NDVI—6 月	NDVI—7 月	NDVI—8 月	NDVI—9 月
	极显著	1.1	—	—	—	—
2 月	显著	3.7	—	—	—	—
	不显著	95.2	—	—	—	—

（续表）

月份	显著性	NDVI—5月	NDVI—6月	NDVI—7月	NDVI—8月	NDVI—9月
	极显著	0.7	0.7	—	—	—
3月	显著	3.4	2.9	—	—	—
	不显著	95.9	96.4	—	—	—
	极显著	0.7	0.7	1.0	—	—
4月	显著	3.3	3.5	4.2	—	—
	不显著	96.0	95.8	94.8	—	—
	极显著	3.2	6.7	2.1	1.3	—
5月	显著	8.0	9.6	6.1	4.6	—
	不显著	88.8	83.7	91.8	94.1	—
	极显著	—	1.4	4.2	1.6	0.7
6月	显著	—	4.7	6.5	4.5	2.9
	不显著	—	93.9	89.3	93.9	96.4
	极显著	—	—	1.8	1.7	0.8
7月	显著	—	—	5.4	5.6	1.4
	不显著	—	—	92.8	92.7	97.8
	极显著	—	—	—	2.0	2.9
8月	显著	—	—	—	4.4	5.6
	不显著	—	—	—	93.6	91.5
	极显著	—	—	—	—	0.9
9月	显著	—	—	—	—	3.5
	不显著	—	—	—	—	95.6

注：极显著（$P<0.01$），显著（$P<0.05$），不显著（$P>0.05$）。

统计 NDVI 对降水量滞后性响应空间分布的结果表明，青藏高原高寒草地 NDVI 与当月降水量显著相关（$P<0.05$）的区域占比为30%，其中11%为极显著相关（$P<0.01$），主要分布在青藏高原的东南部（高寒草甸和高寒草原覆盖区）。与前1月降水量显著相关（$P<0.01$）的区域占比为37%，其中18%为极显著相关（$P<0.05$），主要集中分布在青藏高原西南部和中部。与前2个月降水量显著相关的区域占比为25%，其中极显著相关的区域为9%，在青藏高原东北部、西部和中部均有分布。与前3个月

降水量显著相关（$P<0.05$）的区域占比为 21%，其中 7% 为极显著相关（$P<0.01$），集中分布在青藏高原东北部且西部有零星分布（图 4-5）。

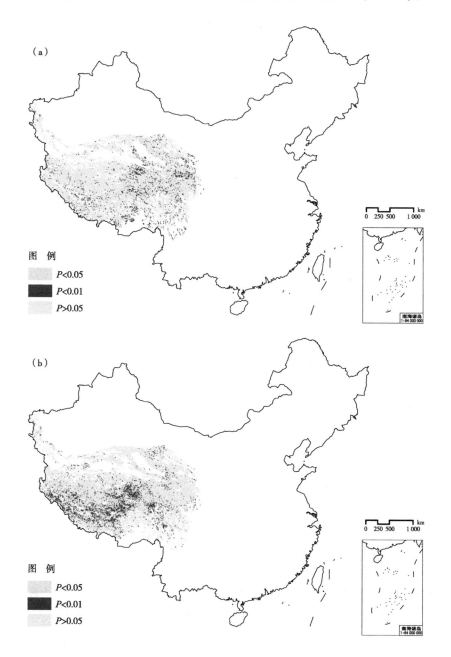

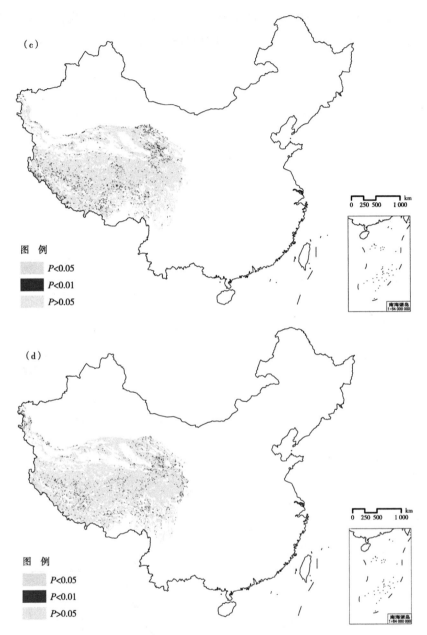

图 4-5 青藏高原高寒草地 NDVI 对降水量响应 （a） 无滞后、（b） 滞后 1 个月、
（c） 滞后 2 个月和 （d） 滞后 3 个月的空间分布 （彩图见附图 4-5）

4.2.3　青藏高原高寒草地月 NDVI 与潜在蒸散量相关性

生长季 NDVI 与潜在蒸散量月际间相关系数检验的结果表明，5 月最大合成 NDVI 分别与当月和前 3 个月月潜在蒸散量的相关系数中，与 4 月潜在蒸散量的相关系数通过显著性检验（$P<0.05$）的面积最大，占草地总面积的 15.8%，与当月潜在蒸散量的相关系数通过显著性检验（$P<0.05$）的面积最小，占草地总面积的 8.5%；6 月最大合成 NDVI 分别与当月和前 3 个月月潜在蒸散量的相关系数中，与当月潜在蒸散量的相关系数通过显著性检验（$P<0.05$）的面积最大，占草地总面积的 7.7%，与 3 月潜在蒸散量的相关系数通过显著性检验（$P<0.05$）的面积最小，占草地总面积的 5.6%；7 月最大合成 NDVI 分别与当月和前 3 个月月潜在蒸散量的相关系数中，与 5 月潜在蒸散量的相关系数通过显著性检验（$P<0.05$）的面积最大，占草地总面积的 10.5%，与当月潜在蒸散量的相关系数通过显著性检验（$P<0.05$）的面积最小，占草地总面积的 7.7%；8 月最大合成 NDVI 分别与当月和前 3 个月月潜在蒸散量的相关系数中，与当月潜在蒸散量的相关系数通过显著性检验（$P<0.05$）的面积最大，占草地总面积的 12.2%，与 7 月潜在蒸散量的相关系数通过显著性检验（$P<0.05$）的面积最小，占草地总面积的 5.7%；9 月最大合成 NDVI 分别与当月和前 3 个月月潜在蒸散量的相关系数中，与 8 月潜在蒸散量的相关系数通过显著性检验（$P<0.05$）的面积最大，占草地总面积的 10.8%，与 7 月潜在蒸散量的相关系数通过显著性检验（$P<0.05$）的面积最小，占草地总面积的 7.0%（表 4-3）。

表 4-3　青藏高原高寒草地月 NDVI 与潜在蒸散量相关性分析不同检验水平

占草地总面积的比例　　　　　　　　　　　　单位：%

月份	显著性	NDVI—5 月	NDVI—6 月	NDVI—7 月	NDVI—8 月	NDVI—9 月
	极显著	2.4	—	—	—	—
2 月	显著	6.2	—	—	—	—
	不显著	91.4	—	—	—	—

（续表）

月份	显著性	NDVI—5月	NDVI—6月	NDVI—7月	NDVI—8月	NDVI—9月
	极显著	2.7	1.2	—	—	—
3月	显著	6.3	4.4	—	—	—
	不显著	91.0	94.4	—	—	—
	极显著	4.6	1.2	1.8	—	—
4月	显著	11.2	4.9	6.1	—	—
	不显著	84.2	93.9	92.1	—	—
	极显著	2.7	2.1	3.1	2.4	—
5月	显著	5.8	4.8	7.4	5.5	—
	不显著	91.5	93.1	89.5	92.1	—
	极显著	—	2.1	2.7	2.1	2.5
6月	显著	—	5.6	6.6	6.2	6.7
	不显著	—	92.3	90.7	91.7	90.8
	极显著	—	—	1.6	1.5	1.6
7月	显著	—	—	6.1	4.2	5.4
	不显著	—	—	92.3	94.3	93.0
	极显著	—	—	—	4.5	3.3
8月	显著	—	—	—	7.7	7.5
	不显著	—	—	—	87.8	89.2
	极显著	—	—	—	—	2.1
9月	显著	—	—	—	—	6.1
	不显著	—	—	—	—	91.8

注：极显著（$P<0.01$），显著（$P<0.05$），不显著（$P>0.05$）。

统计 NDVI 对潜在蒸散量滞后性响应空间分布的结果表明，青藏高原高寒草地 NDVI 与当月潜在蒸散量显著相关（$P<0.05$）的区域占比为 35%，其中 15% 为极显著相关（$P<0.01$），主要分布在青藏高原的东南部和北部。与前一月潜在蒸散量显著相关（$P<0.01$）的区域占比为 38%，其中 17% 为极显著相关（$P<0.05$），主要集中分布在青藏高原北部和南部。与前两个月潜在蒸散量显著相关的区域占比为 33%，其中极显著相关的区域为 13%，主要分布在青藏高原北部和东北部，以高寒荒漠范围内最为集中。与前 3 个月潜在蒸散量显著相关

（*P*<0.05）的区域占比为 32%，其中 12% 为极显著相关（*P*<0.01），主要分布在青藏高原北部和西部，以高寒荒漠范围内最为集中（图 4-6）。

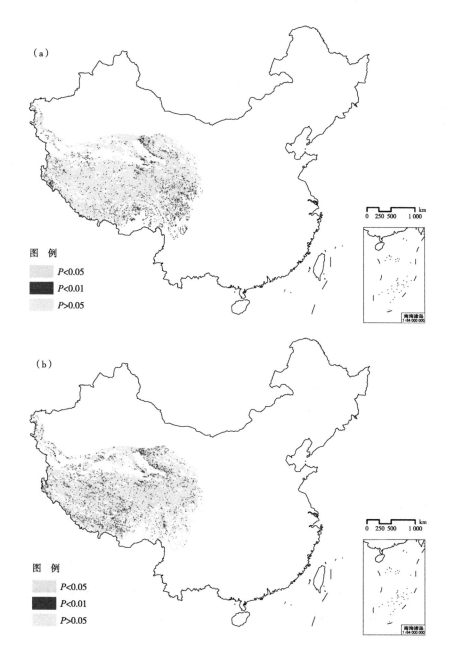

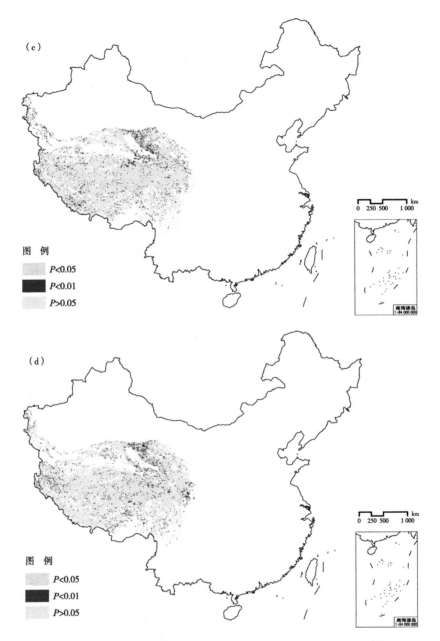

图 4-6 青藏高原高寒草地 NDVI 对潜在蒸散量响应（a）无滞后、（b）滞后 1 个月、
（c）滞后 2 个月和（d）滞后 3 个月的空间分布（彩图见附图 4-6）

4.3 青藏高原高寒草地 NDVI 对气候因子的响应

为了得到青藏高原高寒草地 NDVI 对气候因子响应的总体情况，求取生长季 NDVI 与气候因子月际相关系数中的最大值的空间分布，分析 NDVI 对气温、降水量及潜在蒸散量响应的空间分布特征。

4.3.1 青藏高原高寒草地 NDVI 对月平均气温的响应特征

青藏高原高寒草地生长季各月 NDVI 与平均气温间最大相关系数的检验结果表明，大部分区域通过显著性检验（$P < 0.05$），占草地总面积的78%，其中达到极显著相关（$P < 0.01$）水平的面积占比为36%。NDVI 与气温显著相关的区域广泛分布于青藏高原高寒草地，以中部最为集中。生长季 NDVI 与气温之间无显著相关的区域占比为22%，主要分布在青藏高原西部西藏自治区内及高原北部柴达木盆地以西和青藏高原西部，其他地方也有零星分布（图4-7）。

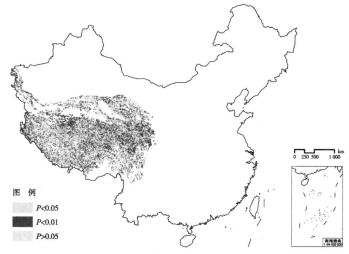

图4-7 青藏高原高寒草地生长季月 NDVI 与平均气温最大相关系数显著性检验的空间分布（彩图见附图4-7）

4.3.2 青藏高原高寒草地 NDVI 对月降水量的响应特征

青藏高原生长季各月 NDVI 与月降水量间最大相关系数的显著性检验结果表明其分布具有明显的空间差异性，NDVI 与降水量的最大相关系数通过显著性检验（$P<0.05$）的区域较大，占草地总面积的 71%，部分区域达到极显著相关（$P<0.01$）的水平，其面积占比为 30%。该部分区域分布广泛，以西藏自治区中南部、青海省与西藏自治区交界区域、青海湖周围较为集中。NDVI 与降水量之间无显著相关的区域占比为 29%，主要分布在藏北地区，青藏高原北部新疆维吾尔自治区、青海省、西藏自治区交界区域及青海省南部与四川省交界处（图4-8）。

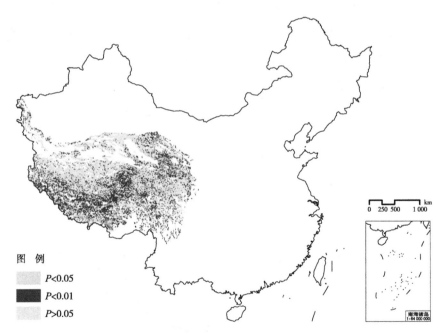

图4-8 青藏高原高寒草地生长季月 NDVI 与降水量最大相关系数显著性检验的空间分布（彩图见附图4-8）

4.3.3　青藏高原高寒草地NDVI对月潜在蒸散量的响应特征

青藏高原生长季各月NDVI与潜在蒸散量最大相关系数的显著性检验结果表明，大部分区域生长季NDVI与潜在蒸散量最大相关系数呈显著相关，其面积占草地总面积的78%，部分区域达到极显著相关（$P<0.01$）的水平，其面积占比为34%，广泛分布在青藏高原各草地类型中，以柴达木盆地以东、西藏自治区南部和青藏高原东南部最为集中。NDVI与潜在蒸散量之间无显著的相关性的区域面积占比为22%，主要集中分布在青藏高原北部和西部，中部也有零星分布（图4-9）。

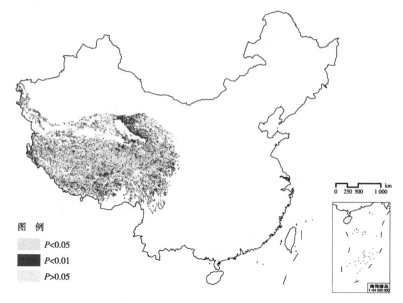

图例
- $P<0.05$
- $P<0.01$
- $P>0.05$

图4-9　青藏高原高寒草地生长季月NDVI与潜在蒸散量最大相关

系数显著性检验的空间分布（彩图见附图4-9）

4.4　小结

本章从年际和月际两个时间尺度讨论青藏高原高寒草地植被对气温、

降水和潜在蒸散量 3 个气候因子的响应。青藏高原高寒草地 NDVI 与气温、降水和潜在蒸散量年际间显著（$P < 0.05$）相关的面积比例分别为 15%、7% 和 13%。从空间分布来看，年最大合成 NDVI 与年均气温之间呈显著正相关的区域主要分布在青藏高原中部和南部，显著负相关的区域则主要分布在青藏高原西部和北部。年最大合成 NDVI 与年降水量之间呈显著正相关的区域主要分布在青藏高原南部、中部和东北部，显著负相关的区域则主要分布在柴达木盆地以东。年最大合成 NDVI 与年潜在蒸散量之间呈显著正相关的区域主要分布在青藏高原南部，显著负相关的区域则主要分布在柴达木盆地以东和青藏高原的边缘地带。

NDVI 与气温、降水和潜在蒸散量月际间的相关性远大于年际间的相关性，显著相关（不包含滞后效应）的面积分别为 38%、30% 和 35%。从空间分布来看，NDVI 与气温、降水量月际间显著相关的区域主要分布在青藏高原的东南部（高寒草甸和高寒草原覆盖区）。NDVI 与潜在蒸散量月际间显著相关的区域主要分布在青藏高原的东南部和高原北部。

NDVI 与气温、降水和潜在蒸散量月际间的相关性均存在不同程度的滞后性，高寒草甸对降水滞后 1 个月的响应明显高于当月，高寒草原对气温、降水和潜在蒸散量滞后 1 个月的响应均高于当月，而高寒荒漠对气温和潜在蒸散量对滞后 1~3 个月的响应均高于当月（表 4-4）。

NDVI 与气候因子月际间最大相关系数中，与气温、降水量和潜在蒸散量显著相关的区域面积分别占草地总面积的 78%、71% 和 78%。NDVI 与气温显著相关的区域广泛分布于青藏高原高寒草地，以中部最为集中。NDVI 与降水量显著相关的区域以西藏自治区中南部、青海省与新疆维吾尔自治区交界区域、青海湖周围较为集中。NDVI 与潜在蒸散量显著相关的区域广泛分布在青藏高原各草地类型中，以柴达木盆地以东、西藏自治区南部和青藏高原东南部最为集中。

表4-4　青藏高原不同草地类型 NDVI 对气候因子的滞后响应　　单位：%

类别	气温				降水				潜在蒸散量			
	整体	高寒草甸	高寒草原	高寒荒漠	整体	高寒草甸	高寒草原	高寒荒漠	整体	高寒草甸	高寒草原	高寒荒漠
无滞后	38	43	36	29	30	34	31	21	35	41	31	34
滞后1个月	39	38	40	38	36	40	38	20	38	37	37	48
滞后2个月	36	32	38	37	25	27	25	19	33	32	31	47
滞后3个月	34	33	34	38	21	22	21	19	32	31	30	46

注：数值为 NDVI 与气候因子相关系数通过显著性检验（$P<0.05$）的面积占比。

　　气候因子是驱动青藏高原高寒草地生态系统变化的主导因子（李文华等，2013）。本章研究结果表明，受气温、降水和潜在蒸散量3个气候因子影响的草地分别达到总面积的78%、71%和78%以上。但 NDVI 与气候因子的相关性存在明显的空间差异。从年际间相关性来看，NDVI 与气温正相关的区域主要分布在青藏高原中部，呈负相关的区域主要分布在青藏高原西部、北部；与降水正相关的区域主要分布在青藏高原南部、中部和东北部，呈负相关的区域主要分布在北部。这与 Sun 等（2016）的研究结果相一致。从月际间相关性（不考虑时滞）来看，青藏高原高寒草地NDVI 与气温、降水和潜在蒸散量3个气候因子显著相关的区域都集中分布在青藏高原的东部或东南部，即高寒草甸和高寒草原的分布区。有研究表明，在青藏高原中等和高等植被盖度区 NDVI 与气候因子的相关性较高，在低植被盖度区则较低（王青霞等，2014年），这与本章的结果类似。

　　植被对气候变化的响应均有一定的滞后性，在全球尺度上，陆地植被对气温、降水等气候因子的响应存在明显的滞后性（Braswell et al.，1997；Wu et al.，2015），我国植被对升温的响应也存在一定的滞后效应（Piao et al.，2003）。本章的研究结果表明，青藏高原高寒草地植被对气候变化的响应均存在不同程度的滞后效应，不同的草地类型对不同气候因子的滞后效应不尽相同。丁明军等（2010）对青藏高原植被的研究发现，青藏高原北部植被对降水和气温的响应较为迟缓，而青藏高原东部、中部植被对降水和气温的响应比较敏感，这与本章的研究结果基本一致。

第五章 不同温室气体排放情景下青藏高原高寒草地生产力及土壤有机碳模拟

CENTURY 模型是目前生态系统碳循环相关研究中获得国际认可的机理过程模型之一，该模型是由美国科罗拉多州立大学自然资源生态实验室 Parton 等（1987）根据大量数据结果开发的生物地球化学模型。它是以气候、土壤、植被、管理措施等作为驱动条件，通过模拟多种陆地生态系统碳、氮、磷、硫等元素和水分循环过程来模拟以土壤有机碳为代表的有机质和以地上生产力或地上净初级生产力（ANPP）为代表的植被生长带来的养分产生、分解、转化等循环过程。模型的发展起源于全球的主要草地生态系统，但经过世界多个国家团队的验证与推广，也被广泛应用于森林生态系统、农业生态系统、亚热带稀树草原及其他广泛生态系统的相关研究。由于最初基于美国大平原草地生态系统的野外试验验证且对土壤有机碳的模拟效果最为良好，因此该模型被更广泛应用于草地生态系统以土壤为主的有机碳百年和千年尺度的动态演变模拟研究。

本章在前人工作基础上，利用已有的我国主要草地中高寒草地（高寒草甸、高寒草原、高寒荒漠）的气候、土壤、植被等数据对模型进行验证，并针对地上生产力和土壤有机碳的模拟结果进行调整优化。在评价 CENTURY 模型对我国不同草地类型生态系统适用性的同时，通过不同情景对目标生态特征量的影响探讨气候变化对我国主要草地碳循环的影响。

本章利用英国 Hadley 气候中心基于国际耦合模式比较计划第五阶段（CMIP5）所开发的区域模式 PRECIS 系统中的 RCP4.5 和 RCP8.5 情景数据，选取气象站点附近的格点数据，通过历史数据修正的模式数据来驱动

CENTURY 模型模拟从 2016 年到 21 世纪结束（2099 年）不同温室气体排放情景下草地地上生产力和表层（0~20 cm）土壤有机碳储量及其动态特征，分析不同温室气体排放情景下未来的气候变化特征，以及不同草地类型在不同温室气体排放情景下表现出的差异性。

5.1　CENTURY 模型及其本地化适用性验证

5.1.1　CENTURY 模型简介

CENTURY 模型是重点着眼于陆地生态系统土壤-植被物质循环的生物地球化学模型，主要应用于草地生态系统土壤有机物和植被生产力、物质循环的长期动态模拟，也被广泛应用于其他生态系统和其他非自然因素影响的研究。该模型的开发原理基于分室建模思想，把生态系统整体分为不同的库（大气、土壤、植被、矿物等），在结构上采用由多个子模型如植物生产子模型（Plant Production Sub-model）、土壤有机物子模型（Soil Organic Matter Sub-model）、生物物理子模型（Biophysical Sub-model）等为主要架构来体现。每个具体的库内又进一步细分为不同特点的元素库，且相互影响，如植被凋落物会基于氮含量和木质素含量比值分配到结构库和代谢库中对养分循环产生影响，而根据碳循环子模型中碳的周转速率将土壤有机碳库分为活性有机碳库（Active SOC）、慢性有机碳库（Slow SOC）、惰性有机碳库（Passive SOC），占比分别为 2%、45%~60%、45%~50%。其中，活性有机碳库主要由土壤微生物及代谢产物组成，周转时间不超过 5 a，慢性有机碳库主要包括耐分解的植物有机物和活性有机碳库中稳定的微生物及产物，周转时间一般为 20~40 a。惰性有机碳库主要包括理化性质非常稳定的有机质，属于土壤中极难分解的部分，其周转时间在 200~4 000 a 乃至更久。另外，该模型也重视土壤质地对有机碳分解的影响，并认为其影响土壤有机碳库周转和活性有机碳库转化到相对稳定有机碳库的进程，因此土壤参数对于模型结果至关重要。

CENTURY 模型具有界面简洁、操作方便的优点，且该模型代码全部开源，利于模型进一步开发和与其他工具的结合研究。该模型虽然在应用于不同站点时需要输入不同的参数，但保证有效参数的完整即可正常运行。该模型综合考虑了影响草地生态系统循环的多种影响因素，诸如气候变化（温度、降水和 CO_2 浓度变化）、植物生理过程和水分养分输入对植被生长的调节（植被生长系数、大气氮素输入、田间持水量等）和土地利用或管理措施（放牧、灌溉、火烧、耕作等），均以模型参数的形式体现。其中以气候参数的变化影响最为明显。因此，该模型被广泛应用于与历史和未来气候变化和以放牧为代表的人为影响对我国草地生态系统地上生产力和土壤有机碳等的研究。

经过多年开发，CENTURY 模型已历经了多种版本，如 CENTURY4.0、CENTURY4.5、CENTURY4.6 和 CENTURY5 等，可以通过用户界面（GUI）和 DOS 命令提示的操作两种形式实现，目前 GUI 只在最新版的 CENTURY5 得到较成熟的应用，而 DOS 界面具有路径明晰、不易出错的优点，因此仍被广泛使用。该模型系列包括以"月"为时间步长的 CENTURY 模型和以"天"为时间步长的 Daycent 模型，本文采用以 DOS 命令提示语句为主，结合 GUI 操作的方法运行以"月"为时间步长的 CENTURY4.6 模型，该模型相对之前的 4.0 版本优化了温度响应曲线、植被潜在生产力等的计算方法和单位设定，并增加了一些参数和输入、输出变量，该模型由美国科罗拉多州立大学提供。该模型运行需要建立 12 个内含参数的输入文件，包括气候文件（.wth）、站点文件（site.100）、植被参数（crop.100 或 tree.100）、多种管理措施参数（cult.100、fert.100、fire.100、graz.100、harv.100、irri.100）、相关固定参数（fix.100），需要 3 种主要输入参数：①气候，包括月平均最高气温（℃）、最低气温（℃）和降水量（cm）；②土壤，包括质地（砂粒、粉粒、黏粒含量）、容重、pH 值、持水量、凋萎系数；③作物，包括生长最适温度（℃）、最高温度（℃）、潜在生长系数、固氮系数等。这些文件可以通过手动编辑，也可通过 file100_46. exe 编辑。在此基础上需要建立与其对应的日程文件（. sch）规定每个时段（Block）的具体管理措施和引用的输入文件，该文件也可通过手动或 event100_46. exe 编辑。输入文件和日程文件设置完毕后可通过 century_46. exe 内置命令驱动模型进行模拟，完成后会生成一个二进制文件（. bin，可命名），并通过 list100_46. exe 编辑为可处理格式。上述所有过程均可通过 DOS 语句实现（图 5-1）。

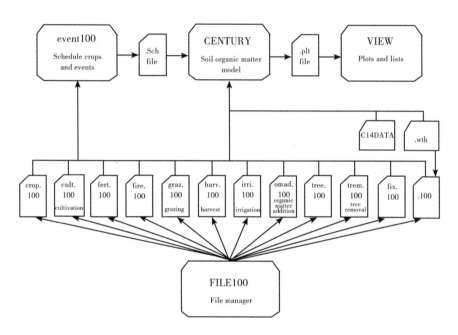

图 5-1　CENTURY 模型结构流程图

（引自 CENTURY 模型操作手册）

5.1.2　模型实验步骤

（1）模型初始化　研究站点的所有生态特征量积累只受到自然因素（气候、土壤、植被）的影响，驱动模型运行 7 000 a 时间长度，使得土壤有机碳等特征量从 0 积累到一个平衡稳定的状态。所需的长时间序列气候数据由研究站点的实测历史气候数据（1960—2015 年）载入模型，内部的天气发生器会按正态分布规律随机选取数据生成 7 000 a模拟历史气候数据完成初始化过程。

（2）模型验证和参数校正　以达到均衡态的生态系统特征量为初始条件，以历史气候数据为对应实际数据驱动模型，并输出对应的目标特征量（土壤有机碳、地上生产力的原始变量）用于和收集的土壤有机碳、生产力实测数据对比进行模型的验证，根据结果改进参数并对模型在不同草地类型的应用做适用性评价。然后对历史阶段（1960—2015 年）不同草地类型的代表站点土壤有机碳和地上生产力的动态变化趋势进行分析和对比。

（3）温室气体排放情景模拟实验　在模型校正和历史阶段模拟的基础上，利用温室气体排放情景模拟 2025 年、2055 年、2085 年 3 个基准时段不同草地类型代表站点土壤有机碳和地上生产力的动态变化。根据模型中关于温室气体的设定分别模拟 RCP4.5、RCP8.5 情景下是否考虑 CO_2 增益作用影响，并分析 3 个未来时段相对历史基准时段（2000—2015 年）的气候变化特征。综合历史阶段和不同未来时段土壤有机碳和地上生产力的动态变化综合分析其对气候变化的响应。历史基准阶段大气 CO_2 浓度在模型中设定为 400 μL/L，2100 年 RCP4.5、RCP8.5 情景的大气 CO_2 浓度分别设定为 650 μL/L 和 1 370 μL/L，该设定适用于 2016—2099 年时段。

5.1.3 CENTURY 模型参数

本章需要编辑的参数文件包括：气候文件（.wth）、站点文件（site.100）、植被参数（crop.100）、日程文件（.sch）。模型每种类型的参数都有其特点。气候参数包括降水和气温，通过模型计算后会输出多年月平均降水量和最高气温、最低气温。该模型降水量单位是 mm，且由于不同站点的情况不同，缺测数据用 -99.99 代替（Parton et al.，1993）。不同站点的土壤和植被数据需要通过大量文献查阅和试验确定，不同草地类型间参数的不同也反映了其生态系统的特点。

本研究在参考与借鉴前人研究成果的基础上对模型中土壤、植被及环境等参数进行了修改（盛文萍等，2008；袁飞等，2008；李东，2011；李晓佳，2008；赵文龙，2012；陈辰，2012；张存厚，2013；李秋月，2015；陆丹丹，2016；包萨茹，2016）。由于模型中涉及的参数较多且各参数之间相互影响以及结果的复杂性，本研究在修改中进行了大量的试运行，并将此结果与真实数据进行比对以达到模型调参的最佳效果，最终获得适用于我国不同草地类型的模型运行参数（表5-1）。

表 5-1　CENTURY 模型在我国不同类型草地关键的初始化参数

类型	变量	含义	AG		
			AM	AS	ADS
土壤特征	Sand	砂粒含量/%	0.46	0.72	0.74
	Silt	粉粒含量/%	0.37	0.15	0.24
	Clay	黏粒含量/%	0.17	0.13	0.02
	Bulkd	土壤容重/(g/cm³)	1.42	1.30	1.35
	pH	土壤 pH 值	7.50	8.15	8.57
	Awilt	土层土壤萎蔫点	0.16	0.18	0.08
	Afiel	土层田间持水量/%	0.35	0.35	0.35
作物生长	PRDX（1）	植物潜在地上月生长系数	0.6	0.45	0.3
	PPDF（1）	温度响应函数最适温度/℃	15.0	16.0	18.0
	PPDF（2）	温度响应函数最高温度/℃	30.0	32.0	32.0
	PPDF（3）	温度响应函数左侧曲线	0.75	0.8	1.0
	PPDF（4）	温度响应函数右侧曲线	3.5	3.5	3.5
营养输入	EPNFA（1）	大气 N 沉降含量方程截距	0.05	0.05	0.05
	EPNFA（2）	大气 N 沉降含量方程斜率	0.008 5	0.008 5	0.008 5
	EPNFS（1）	非共生土壤固 N 含量方程截距	30.0	30.0	30.0
	EPNFS（2）	非共生土壤固 N 含量方程斜率	0.012	0.012	0.012
生长周期	FRST	生长季开始月份	5	5	5
	SENM	开始衰老月份	8	8	8
	LAST	生长季结束月份	10	10	10

注：AG 表示高寒草地，AM 表示高寒草甸，AS 表示高寒草原，ADS 表示高寒荒漠。

5.1.4 CENTURY 模型的验证

模型初始化后，在实际应用前还需要对其模拟效果进行验证和修正。需要以达到均衡态的生态系统参数为初始条件，运用 1960—2015 年气候实测数据驱动模型时段（Block）输出结果，并利用实测数据与模拟结果进行适用性检验。本节对不同草地类型站点输出的 SOC、地上生物量（AGB）进行拟合分析，其结果在不同草地类型站点上也不同。

AGB 受降水、土壤等因素影响以及其他测量误差影响，因此实测值变化范围较大，通过选取 CENTURY 模型对应时段输出参数的拟合对比结果见图 5-2。不同草地类型的线性拟合 R^2 范围为 0.40~0.72，其中高寒草甸的验证效果最好，而高寒荒漠由于数据偏小偏少效果相对较差。从 $RMSE$ 上看，高寒草地相对较少（图 5-2）。总体上看，CENTURY 模型对不同草地类型 AGB 的模拟取得一定可行性的验证效果。

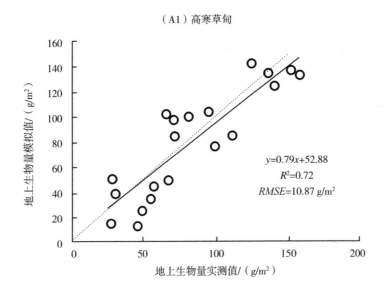

（A1）高寒草甸

$y=0.79x+52.88$
$R^2=0.72$
$RMSE=10.87 \ g/m^2$

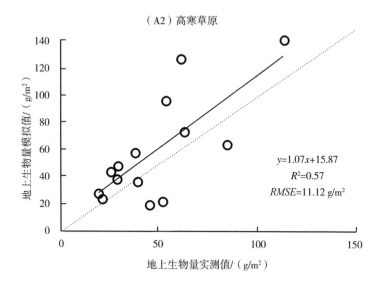

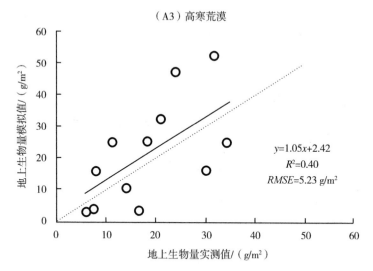

图 5-2　CENTURY 模型模拟高寒草地地上生物量（AGB）的验证

　　CENTURY 模拟的 SOC 在短时间内变动较小，同一地区、时间的实测值因方法和误差等差别较大，但模型总体上在我国不同类型草地上取得很好的拟合验证效果（图 5-3）。不同草地类型 R^2 范围为 $0.75\sim0.94$，拟合置信程度很高，其中高寒草地类型间差别相对较大。$RMSE$ 上，高寒草甸最大，接近 500 g/m² （图 5-3A1）。总体上看，CENTURY 模型对不同草地类型 SOC 的模拟取得较高准确性的拟合验证效果。

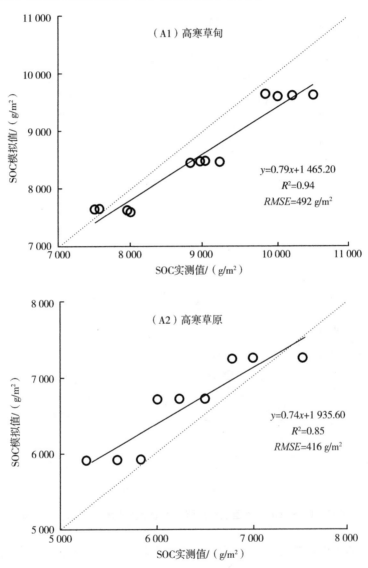

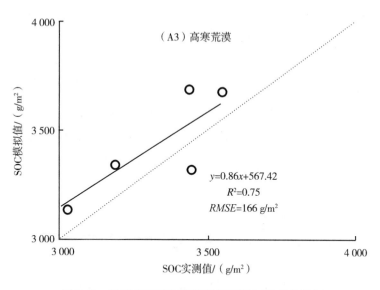

图 5-3　CENTURY 模型模拟高寒草地 SOC 的验证

5.2　不同温室气体排放情景下未来气候变化特征

基于 PRECIS 系统输出的 RCP4.5 和 RCP8.5 情景数据的特点（时间序列为 1960—2099 年）以及 4.1 节对于历史气候变化的分析，故选取 1990—2015 年作为基准时段 BS（即 baseline），并根据未来阶段时间序列（2016—2099 年）将其划分为近期未来（2030s：2016—2040 年）、中期未来（2050s：2041—2070 年）、远期未来（2080s：2071—2099 年）3 个时段（下同），用 3 个时段与 BS 时段的对比分析不同情景未来时段气温和降水要素的气候变化特征。

5.2.1　不同草地类型未来温度的变化趋势

在两种温室气体排放情景下，所有草地类型区域的年均温度均呈现显著增加的趋势，且 RCP8.5 情景下所有草地类型相对 BS 的升温情况都高于 RCP4.5

情景（表5-2）。两情景下所有草地类型的温度要素中都呈现年均最低温度上升幅度高于其他要素的趋势，从 RCP4.5 到 RCP8.5 情景这一趋势加强（图5-4）。因此，不同情景未来气候变化造成我国主要草地变暖的同时也会进一步减少温差。在不同草地类型的温度变化上，RCP4.5 情景下的高寒草甸和高寒草原升温相对缓慢，到 21 世纪末年均温度从现在的 1 ℃ 左右升高到 3 ℃ 左右，RCP8.5 情景下则会升高到接近 5 ℃；高寒荒漠升温幅度更加明显，RCP4.5 和 RCP8.5 情景下分别增温 2.8 ℃、4.8 ℃（图5-4，表5-2）。

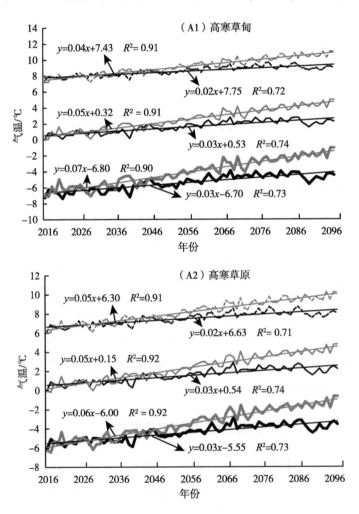

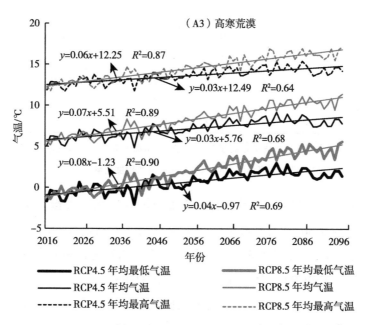

图5-4 不同温室气体排放情景下我国不同类型草地未来温度年际变化

表5-2 不同温室气体排放情景下我国不同类型草地阶段

相对基准时段 BS 温度变化量特征 单位：℃

草地类型	时段	RCP4.5 情景			RCP8.5 情景		
		ΔT_{min}	ΔT_{max}	ΔT_{mean}	ΔT_{min}	ΔT_{max}	ΔT_{mean}
AM	2030s	0.35	0.54	0.45	0.94	0.65	0.79
	2050s	1.61	1.31	1.46	2.63	1.77	2.20
	2080s	2.26	1.73	2.00	4.49	2.96	3.73
AS	2030s	0.41	0.82	0.61	0.56	0.94	0.75
	2050s	1.49	1.65	1.56	2.25	2.19	2.22
	2080s	2.05	2.10	2.08	3.97	3.46	3.72
ADS	2030s	0.50	0.86	0.68	0.98	1.14	1.06
	2050s	1.95	1.85	1.90	3.00	2.58	2.79
	2080s	2.94	2.55	2.75	5.34	4.21	4.78

（续表）

草地类型	时段	RCP4.5 情景			RCP8.5 情景		
		ΔT_{min}	ΔT_{max}	ΔT_{mean}	ΔT_{min}	ΔT_{max}	ΔT_{mean}
	2030s	0.42	0.74	0.58	0.83	0.91	0.87
AG	2050s	1.68	1.60	1.64	2.63	2.18	2.40
	2080s	2.42	2.13	2.28	4.60	3.54	4.08

注：AM 表示高寒草甸，AS 表示高寒草原，ADS 表示高寒荒漠，AG 表示高寒草地。ΔT_{min} 表示最低温度变量，ΔT_{max} 表示最高温度变量，ΔT_{mean} 表示平均温度变量。

在 2030s，RCP4.5 情景下高寒草地温度要素增长缓慢，变幅不超过 1 ℃（0.35~0.86），且呈现由高寒荒漠到高寒草甸递减的趋势，RCP8.5 情景下虽然同期增温相对较多，但相比之下平均温度仅多升高 0.3 ℃左右（表 5-2）。在 RCP4.5 情景下高寒草地相对 BS 时段年平均温度上升了 0.58 ℃，最高气温、最低气温分别上升 0.74 ℃和 0.42 ℃，在 RCP8.5 情景下高寒草地平均气温上升 0.87 ℃，最高气温、最低气温分别上升 0.91 ℃和 0.83 ℃，且在对应草地类型上看，高寒草甸区域出现了最低温度增长超过最高温度增长的情况，而其他类型与 RCP4.5 表现类似但差值更大（表 5-2）。

在 2050s，RCP4.5 情景下高寒草地温度要素的增长相比上个时段明显加快，这个时段相对上一时段平均温度升高超过 1 ℃，高寒草地年均最低温度在该时段增长幅度明显大于最高温度（表 5-2）。RCP8.5 情景下高寒草地相对上个时段平均温度升高也同样明显加快并超过 1.5 ℃；高寒草地年均最低温度的增长幅度比 RCP4.5 情景还要明显，且出现了年均最低温度相对 BS 时段的增长大于最高温度增长的现象（表 5-2）。具体从不同草地类型上看，RCP4.5 情景下高寒草甸的温度要素增长明显且超过了高寒草原，尤其在最低温度上，而 RCP8.5 情景下则多升高 0.5 ℃左右（表 5-2）。

在 2080s，RCP4.5 情景下高寒草地温度要素增长幅度相对上个阶段出现了放缓，且高寒草原增温最缓慢，而 RCP8.5 情景下高寒草地温度要素增长幅度则进一步加强，并呈现由高寒荒漠到高寒草甸递减的趋势（表5-2）。RCP4.5情景下高寒草地相对BS时段平均温度上升了2.28 ℃，而RCP8.5情景下高寒草地相对BS时段平均温度上升了4.08 ℃（表5-2）。从不同草地类型上看，RCP4.5情景下高寒草甸和高寒草原温度上升情况十分接近，而高寒荒漠升温较多，在RCP8.5情景下也呈现相似的趋势（表5-2）。

5.2.2　不同类型草地未来降水的变化特征

本研究所用的温室气体排放情景数据是基于降尺度的RCM（区域尺度模式）格点转化后的气象站点区域数据，不同温室气体排放强度下主要类型草地的降水量在未来有不同的变化趋势（图5-5）。

在RCP4.5情景下，主要高寒草地区域的降水量总体呈小幅上升的趋势，高寒草甸、高寒草原、高寒荒漠在这个情景下整个未来时段的平均降水量分别为468 mm、351 mm、205 mm，比BS时段降水量分别

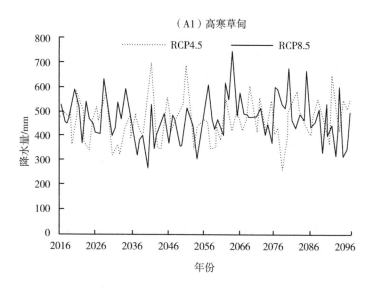

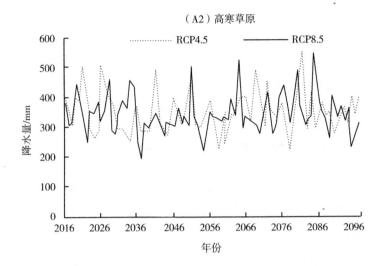

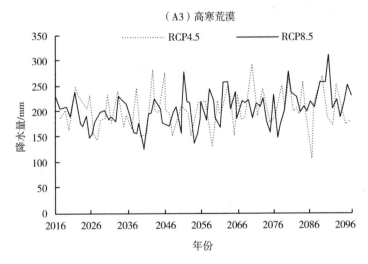

图 5-5　不同温室气体排放情景下我国不同类型草地未来降水量年际变化

增加了 3.43%、5.58%、2.93%（图 5-5）。在 RCP8.5 情景下，各草地类型未来时段降水量相对 BS 时段都呈现不同程度的增长趋势，高寒草地未来时段降水量与 RCP4.5 情景下略有不同，3 种草地类型的降水量分别增加 5.05%、4.11%、3.67%，其均值分别为 476 mm、346 mm、206 mm（图 5-5），由此可见两种情景下高寒草地降水量都有增长但区别不大。

两种温室气体排放情景下不同未来具体时段的降水量相对 BS 时段增长也不同，且不同草地类型的特点各异（表 5-3）。高寒草地在 RCP4.5 情景下 3 个未来时段呈现降水量稳步提高的趋势，具体来看，高寒草原的时段降水量都比 BS 高约 5% 且保持平稳，高寒草甸初期未来相对较低而在中远期未来有所增长且保持平稳，高寒荒漠则呈现降水量逐渐增长的趋势（表 5-3）；而在 RCP8.5 情景下高寒草地降水量的增长则出现了反复，表现为初期未来与 RCP4.5 相近，而中期未来 3 种草地类型的降水量相对上一阶段都有一定的下降，其中高寒荒漠降水量甚至比 BS 时段低，到了远期未来降水量又有了明显的提高，且超过同期 RCP4.5 的增幅（表 5-3）。可见 RCP4.5 情景下降水量更稳定地增长而 RCP8.5 情景下有更多的不确定性。

表 5-3　不同温室气体排放情景下我国不同类型主要草地未来相对

BS 时段降水量阶段变化率　　　　　　单位：%

情景	时段	AM	AS	ADS
RCP4.5	2030s	0.06	5.00	-1.10
	2050s	4.89	5.74	3.26
	2080s	4.93	5.93	6.30
RCP8.5	2030s	3.55	4.77	-4.00
	2050s	5.36	0.57	3.92
	2080s	6.11	7.42	10.49

注：AM 表示高寒草甸，AS 表示高寒草原，ADS 表示高寒荒漠。

5.3 不同温室气体排放情景下未来生产力动态的变化特征

基于上节我国高寒草地不同温室气体排放情景下的未来气候数据驱动 CENTURY 模型模拟不同情景下我国高寒草地的地上生物量在未来时段（2016—2099 年）的动态变化，把输出结果根据不同草地类型换算为地上生物量模拟值，并以 BS 时段（1990—2015 年）的平均数据为基准，分别分析 RCP4.5 和 RCP8.5 情景下不同未来时段（2030s、2050s、2080s）我国高寒草地的地上生物量动态特征及其趋势和异同点。

高寒草地类型（高寒草甸、高寒草原、高寒荒漠）的地上生物量在不同温室气体排放情景下有不同的变化趋势（图 5-6）。从不同草地类型地上生物量不同温室气体排放情景的均值看，高寒草地类型中 RCP4.5 情景下高寒草甸为 136 g/m^2，RCP8.5 情景下能达到 143 g/m^2，更多的温室气体排放促进了该类型草地植被的生长；但高寒草原在两种情景下地上生物量均值都是 95 g/m^2；高寒荒漠在两种情景下地上生物量都大幅增长，而由于基数过低其均值仅达到 19 g/m^2。

不同类型草地的地上生物量在不同温室气体排放情景下呈现不同的变化趋势，且在不同具体时段特征不一（图 5-6）。高寒草地的地上生物量在不同情景未来具体时段中相对 BS 时段有一定程度的增加且相对稳定（图 5-6）。

2030s 的高寒草地在 RCP4.5 情景下相对 BS 时段呈现从高寒草甸到高寒荒漠地上生物量增长幅度越来越大的趋势，在 RCP8.5 情景下高寒荒漠地上生物量增长幅度又有小幅度加大，而高寒草甸和高寒草原地上生物量的增长幅度有小幅下降（表 5-4）。

2050s 的高寒草甸和高寒草原在 RCP4.5 情景下虽然相对 BS 时段的地上生物量均值虽然仍有增长，但相对前一时段都有不同程度的下降，而高

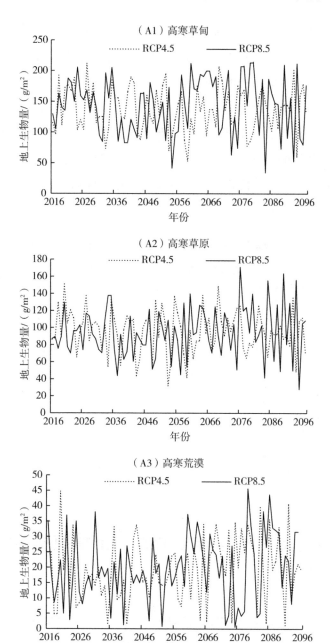

图 5-6 不同温室气体排放情景下我国不同类型高寒草地未来地上生物量年际变化

寒荒漠的地上生物量无论是相对 BS 时段还是上一时段仍然有一定程度的增长，在 RCP8.5 情景下高寒草甸和高寒草原地上生物量则与上阶段持平，而高寒荒漠地上生物量的增幅加强（表5-4）。

2080s 中，高寒草甸和高寒草原的地上生物量均值在 RCP4.5 情景与上一时段相比明显趋稳，而高寒荒漠的地上生物量均值仍然比起 BS 时段和上一时段有明显的上升，而在 RCP8.5 情景下高寒草甸的地上生物量趋稳，高寒草原地上生物量均值相对上一时段有一定幅度的上升，而高寒荒漠有一定下降（表5-4）。

表 5-4 不同温室气体排放情景下我国不同类型高寒草地未来相对 BS 时段地上生物量各阶段变化率 单位：%

情景	时段	AM	AS	ADS	AVEA
	2030s	22.59	55.08	253.96	37.50
RCP4.5	2050s	12.76	48.62	286.65	37.63
	2080s	11.99	47.76	340.45	52.46
	2030s	21.13	43.68	272.22	42.35
RCP8.5	2050s	22.57	45.75	340.72	50.36
	2080s	20.91	59.95	312.88	60.26

注：AM 表示高寒草甸，AS 表示高寒草原，ADS 表示高寒荒漠，AVEA 表示高寒草地平均。

5.4　不同温室气体排放情景下土壤有机碳的未来变化特征

本节基于不同温室气体排放情景的数据，驱动 CENTURY 模型模拟不同气候变化对我国主要草地 SOC 及其分碳库在未来时段（2016—2099年）的动态变化，并以 BS 时段（1990—2015 年）的平均数据为基准，分别分析在 RCP4.5 和 RCP8.5 情景下不同未来时段（2030s、2050s、

2080s）青藏高原高寒草地表层（0～20 cm）SOC 和分碳库 ASOC、SSOC 的动态特征，并分析在不同类型草地的趋势和特征的异同点。

5.4.1　不同类型草地区域土壤有机碳的未来变化趋势

我国不同类型草地的浅层土壤有机碳在不同情景下出现了不同的变化程度和趋势。土壤有机碳储量的变动是一个相对缓慢的过程，因此其数量水平总体上没有大幅度的变动。

不同草地类型上看，高寒草原和高寒荒漠在两种情景下土壤有机碳有一定程度的上升，此外高寒草甸在不同情景的土壤有机碳呈现不同的变化趋势，在 RCP4.5 情景下增长后保持稳定出现了一定显著性的增长，在 RCP8.5 情景下先增长后下降。综上，高寒草地在 RCP4.5 情景下 SOC 都呈现增长趋势，且速度比 RCP8.5 情景下都要大（图5-7）。

不同温室气体排放情景下主要草地分布区 3 个未来阶段相对 BS 时段的 SOC 变率上看，高寒草地类型 SOC 整体呈现上升趋势（表5-4）。具体到不同时段上各草地类型也有不同的特点。

2030s 高寒草甸和高寒草原的 SOC 在 RCP4.5 情景下相对 BS 时段变

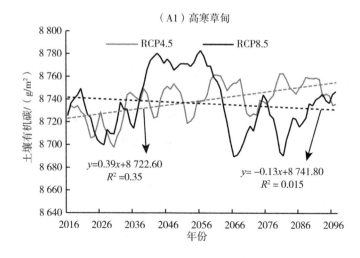

（A1）高寒草甸

$y = 0.39x + 8\ 722.60$
$R^2 = 0.35$

$y = -0.13x + 8\ 741.80$
$R^2 = 0.015$

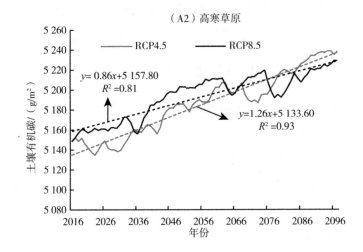

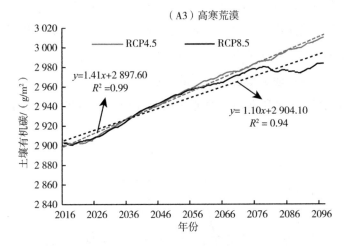

图 5-7　不同温室气体排放情景下我国不同类型高寒草地

未来地上生物量年际变化

化很小，而高寒荒漠变化相对较大，在 RCP8.5 情景下高寒草甸仍然变动很小，高寒荒漠相对 RCP4.5 时段变化接近，高寒草原从微弱减少变为有一定增加，故高寒草地整体在 RCP8.5 情景下 SOC 增加得比在 RCP4.5 情景下多（表 5-5）。

2050s高寒草地的SOC在RCP4.5情景下相对BS时期和近期未来都有不同幅度的增长，也呈现从高寒草甸到高寒荒漠幅度上升的趋势，RCP8.5情景下高寒草甸和高寒草原的SOC增长有越来越大的上升趋势，而高寒荒漠相对RCP4.5情景有微弱的下降，但不影响高寒草地中期未来SOC增幅加大且RCP8.5情景下SOC增长比RCP4.5情景下多的趋势（表5-5）。

2080s在RCP4.5情景下高寒草甸的SOC相对上一时段变化很小，而高寒草原和高寒荒漠的SOC呈现比其上一时段稍有放缓的增长趋势，而在RCP8.5情景下高寒草甸的SOC相对上一时段有一定的下降且几乎接近BS时段的均值，高寒草原和高寒荒漠的SOC虽然仍保持增长但相对RCP4.5情景有一定的减弱，高寒草地整体也有同样的规律（表5-5）。

表5-5　不同温室气体排放情景下我国不同类型主要草地未来相对BS

时段SOC阶段变化率　　　　　　　　　　单位：%

情景	时段	AM	AS	ADS	AVEA
RCP4.5	2030s	0.04	−0.03	0.24	0.08
	2050s	0.25	0.74	1.72	0.90
	2080s	0.28	1.33	2.96	1.52
RCP8.5	2030s	0.06	0.25	0.23	0.18
	2050s	0.36	1.01	1.64	1.00
	2080s	0.05	1.23	2.41	1.23

注：AM表示高寒草甸，AS表示高寒草原，ADS表示高寒荒漠，AVEA表示高寒草地平均。

5.4.2　不同草地类型区域未来活性、慢性土壤有机碳的变化趋势

上节探讨了不同温室气体排放情景下我国主要草地类型3个未来阶段SOC变化，由于未来时段（2016—2099年）在百年之内，因此对SOC产

生重要影响的是 ASOC、SSOC 两个分碳库。对这两个碳库分别分析可以看出，不同温室气体排放情景下各种草地类型的 ASOC、SSOC 的平均值水平仍然与历史水平保持在同一数量级，且 SSOC 的数量关系仍然与 SOC 一致，这也与其作为最大的土壤有机碳库有关（图 5-8）。

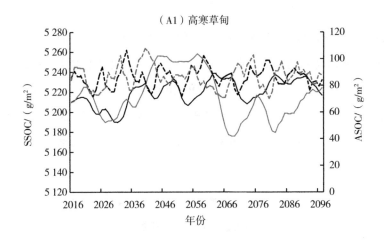

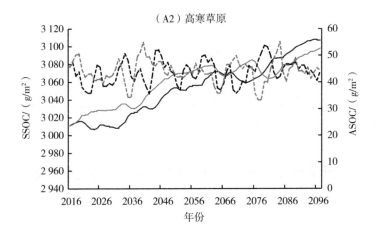

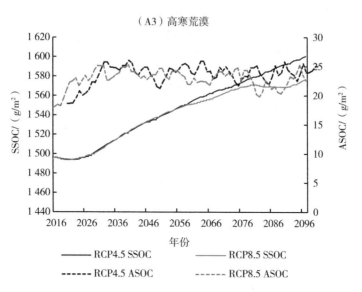

图 5-8　不同温室气体排放情景下我国不同类型主要草地 ASOC、SSOC 年际变化

从不同分碳库变化趋势上看，各类型高寒草地在不同温室气体排放情景下 ASOC 都有一定程度年际波动，但都没有明确的增减趋势。RCP4.5 情景下高寒草甸 SSOC 有平缓的波动上升，而高寒草原和高寒荒漠平稳上升，这两者的上升趋势在 RCP8.5 情景下有所减弱，高寒草甸在这个情景下则出现了不同的变化趋势，即先波动下降后维持在一个较高的水平上又波动下降（图 5-8）。

具体到 3 个未来时段不同温室气体排放情景下草地类型两种分碳库相对 BS 时段的变率上。高寒草甸是 ASOC 无论在任何时段、任何情景都变动最小的草地类型，高寒荒漠是 ASOC 增长幅度最明显的草地类型。通过不同情景下草地类型在不同时段 SSOC 的对比可以看出，高寒草甸是受气候变化中温室气体排放强度影响最小的草地类型，此外高寒草原和高寒荒漠在不同温室气体排放情景下总体呈现 SSOC 积累的过程（表 5-6）。

表 5-6　不同温室气体排放情景下我国不同类型主要草地未来

相对 BS 时段 SOC 阶段变化　　　　　　　　　单位：%

情景	分碳库	时段	AM	AS	ADS	AVEA
RCP4.5	ASOC	2030s	−0.44	1.61	7.70	2.96
		2050s	0.60	4.66	12.64	5.97
		2080s	1.20	8.30	12.00	7.17
	SSOC	2030s	0.06	−0.01	0.42	0.16
		2050s	0.36	1.31	3.29	1.65
		2080s	0.38	2.32	5.80	2.83
RCP8.5	ASOC	2030s	1.37	5.77	6.36	4.50
		2050s	−0.44	5.96	9.27	4.93
		2080s	2.22	5.45	6.02	4.56
	SSOC	2030s	0.05	0.40	0.40	0.28
		2050s	0.56	1.73	3.19	1.83
		2080s	−0.03	2.17	4.84	2.33

注：AM 表示高寒草甸，AS 表示高寒草原，ADS 表示高寒荒漠，AVEA 表示高寒草地平均。

5.5　小结

本章对 CENTURY 模型模拟高寒草地植被和土壤的结果进行验证，并利用未来阶段（2016—2099 年）RCP4.5、RCP8.5 两种温室气体排放情景下与实际站点接近的气候格点数据，经过基于历史实测数据的修正后分析其气候变化趋势，然后利用该数据和土壤植被数据驱动 CENTURY 模型模拟其地上生产力和表层（0~20 cm）土壤有机碳的动态，分析不同情景下不同草地类型目标特征量总体和时段的变化特征。

对 CENTURY 模型的多种参数优化后进行验证调参，结果表明，该模型可以在我国主要草地实现本地化，并能够模拟草地生产力和土壤有机碳情况。CENTURY 的验证效果较好，其中，土壤有机碳的拟合决定系数总体在 0.85 以上，$RMSE$ 的范围为 166~492 g/m^2，地上生产力的拟合决定系数总体在 0.57 以上，*RMSE* 的范围为 5.23~11.12 g/m²，拟合直线总体与 1:1线接近。

高寒草地温度在不同温室气体排放情景下均会上升 2.2~4.1 ℃，RCP8.5 情景比 RCP4.5 情景增温更多，高寒草地类型升温表现为高寒荒漠>高寒草原>高寒草甸；2030s 不同温室气体排放情景下高寒草地增温0.6~0.9 ℃；2050s 升温较之前加快，达 1~1.5 ℃；2080s 则继续升温，升温幅度为 0.6~1.6 ℃，在 RCP4.5 情景下升温减缓而在 RCP8.5 情景下升温加速。不同温室气体排放情景下我国高寒草地未来降水量普遍增加，其中高寒荒漠降水量增加 5%~10%。这也支持其他不同温室气体排放情景下的温度预测（黄钰，2011；IPCC，2013）。本章应用的气候数据是 RCM 降尺度的格点数据，GCM 和 RCM 的降水量预测往往会出现不同的结果（胡芩等，2015）。因此，对温度的预测准确度较高，而对降水量的预测仍然存在不确定性。

高寒草地生产力的未来模拟结果整体呈增加趋势，RCP8.5 情景比RCP4.5 情景增加得多，高寒草甸、高寒草原、高寒荒漠的地上生物量分别达到143 g/m²、95 g/m²、19 g/m²。在不同温室气体排放情景中，高寒草地土壤有机碳均呈现明显增加的趋势，其中，高寒荒漠增幅最大，达到3.0%（RCP4.5 情景），仅高寒草原的土壤有机碳在 RCP4.5 情景下 2030s降低 0.03%。不同分碳库也有相似的规律，各类型高寒草地活性土壤有机碳均有所增加，其中，高寒荒漠增幅最大，达到 12.6%（RCP4.5 情景）。对于土壤慢性有机碳，各类型高寒草地均有不同程度的增加，其中，增幅最大的是高寒荒漠，达到 5.8%（RCP4.5 情景）。模型的预测结果支持高寒草地在未来气候中生产力增加的观点（李东，2011；莫志鸿，2012；王松，2016）。

第六章 不同温室气体排放情景下青藏高原高寒草地生态系统碳收支模拟

模型参数化是模型与真实生态系统建立关系的必要过程，校正与验证是确保模型能准确模拟生态系统过程的关键步骤。本研究以藏北高寒草甸为研究对象，通过利用气候、土壤及植被等数据进行模型参数化，并利用 NEE 通量数据进行模型模拟校正与验证。

基于国际耦合模式比较计划第五阶段（CMIP5）开发的区域模式 PRECIS 系统中典型浓度路径（Representative Concentration Pathways，RCPs）RCP4.5 和 RCP8.5 温室气体排放情景数据（Zhang et al.，2017），本章研究利用 Daycent 模型对 2020—2099 年藏北高寒草甸在 RCPs 温室气体排放情景下 CO_2 净交换的响应进行研究，探讨并预测高寒草甸碳汇/源功能的变化，为应对气候变化和未来气候变化提供一定支持。

6.1 Daycent 模型参数化及验证

模型参数化是模型与真实生态系统建立关系的必要过程，校正与验证是确保模型能准确模拟生态系统过程的关键步骤。本研究以藏北高寒草甸为研究对象，通过利用气候、土壤及植被等数据进行模型参数化，并利用 NEE 通量数据进行模型模拟校正与验证。

6.1.1 Daycent 模型简介

Daycent 模型是基于植被-土壤营养循环的生物地球化学模型，该模型使用 C++ 和 Fortran 语言混合编写，是在 CENTURY 模型的基础上不断改进、更新各子模块的功能，由最初仅以"年"为步长模拟 C、N 动态（Parton et al.，1987），发展到以"月"为步长，再到以"天"为步长进行模拟，在较短的时间尺度内模拟 N、P、S 等的流动、有机质（SOM）的分解以及土壤湿度和温度的变化，为精确模拟 CO_2、CH_4、N_2O 及 NO_x 等痕量气体的排放提供了条件（Grosso et al.，2016）。

Daycent 模型主要包括植物产量子模块、土壤水分平衡和温度子模块、土壤有机质（SOM）子模块以及痕量气体通量子模块（刘文俊，2016），图 6-1 展示了模型的主要组成模块以及控制关键生态系统过程的变量。其中，植物产量子模块包含活体根、芽体特征库以及立枯植物部分，经过一系列的植物生长参数，模拟各个自然条件下植物潜在生产力。土壤水分和温度子模块，主要是利用简化的水分平衡模型模拟由蒸散发导致的水分运移、土壤各剖面含水率、饱和水分在各土层中的流动、降雪中的水分含量，还可模拟地表土壤温度，并通过与地上生物量的关系模拟植被适宜的温度极值。

土壤有机质子模块为模型主体，是采用多分室建模理论，依据物料中木质素与氮（N）的比值，将地上、地下的植物残茬和动物排泄物分成结构库和代谢库，木质素与 N 比值越高的残留分配到分解速率较低的结构库。模型正是根据土壤有机质库不同的分解速率将其划分为活性库、慢性库和惰性库 3 类。SOM 活性库主要包含土壤微生物及其代谢产物，周转时间为 0.5~1 a；SOM 慢性库包含结构库中耐分解的植物成分、SOM 活性库以及表层微生物库中土壤稳定微生物的产物，周转时间为 10~50 a；SOM 惰性库包括物理和化学上极难分解的、稳定的土壤有机质，周转时间可长达 1 000~5 000 a，甚至更久。而其他元素，如 N、P、S 营养元素循环与 SOM 子模块相近甚至相同，均受 C 元素流动的影响，即控制各特征库中元素流动量的因子为 C 流动量及在该特征中 C 与 N 元素比值。

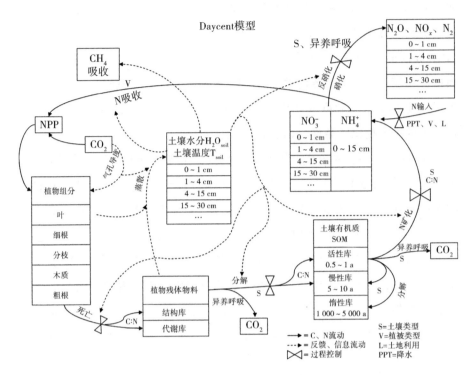

图 6-1 Daycent 模型流程图

（改编自 Daycent 4.5 操作手册）

6.1.2 Daycent 模型输入与输出

如图 6-2 所示，Daycent 模型运行结构包括：1 个主运行程序（Daycent），2 个输入文件程序（Event.100、File.100），1 个输出文件程序（List.100）。File.100 程序，负责协助用户管理参数输入文件；Event.100 程序，负责管理植物生活史，调控生态系统管理措施发生的时间及频率，设置模拟时长并产生模型日程文件（*.sch）。

参数输入文件包括：①气候数据（*.wth），包括日最高温、日最低温、日降水量；②站点信息（site.100），包括地理位置、土壤质地等，具体为研究站点经纬度、土壤砂粒、黏粒、粉粒含量、土壤凋萎系数、田间持水量、土壤容重及土壤 pH 值;③植被参数 crop. 100,即设置模拟的草地/农田/森林生态系统中关键植物参数,如植物生长最适温度、最高温度、木质素含量、根冠比等;④管理措施,作物栽培 cult. 100(设置耕作相关的参数,如耕作模式和时间),施肥措施 fert. 100(设置施肥参数,如施肥量及施肥时间),火烧参数 fire. 100(设置不同火烧干扰强度参数),放牧参数 graz. 100(设置不同放牧强度参数),作物参数 harv. 100(设置不同收获强度参数),灌溉参数 irri. 100(设置不同灌溉强度参数,如灌溉量及灌溉时间),有机质参数 omad. 100(设置添加有机质的参数),树木参数 tree. 100、trem. 100(分别为设置种树和移除树的参数);⑤固定参数 fix. 100,即设置修正参数。

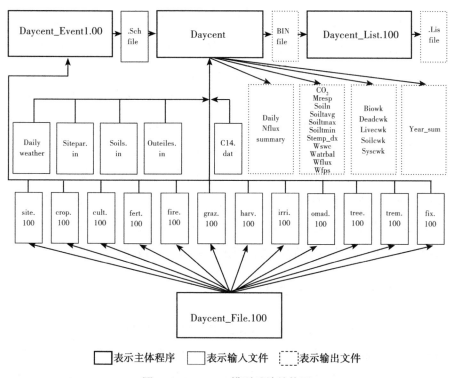

图 6-2 Daycent 模型系统结构图

(引自 Daycent 4. 5 操作手册)

另外还有 3 个重要的输入参数管理文件：①Soils.in 文件，即土壤层结构描述，在 Daycent 模型中描述分层土壤结构的选项；②Sitepar.in 文件，Daycent 模型中其他站点信息，包括植被反射率、每小时降雨、深层水势等；③Outfiles.in 文件，是 Daycent 模型中的输出文件选项，包括每日土壤温度、水量平衡、分层土壤 CO_2 浓度以及反硝化作用所产生的 N_2O、N_2 通量等。

参数化后，运行 Daycent 主程序进行模拟，模拟结果以二进制文件（.bin）进行保存，其输出变量反映了生态系统过程的变化。Daycent 模型输出：①碳变化，包括每天地上和地下植物活体中的碳（bio.out）、植物维持呼吸（mresp.out）、生长呼吸（resp.out）、生态系统碳（sysc.out）、NPP、分层土壤 CO_2 浓度（CO_2.out）、土壤有机质库中的碳（soilc.out）等；②氮变化，包括分层土壤铵态氮和硝态氮（soiln.out）、分层反硝化 N_2O 通量（dN_2Olyr.out）、N_2 通量（dN_2lyr.out），以及 N_2O、NO、N_2 和 CH_4 通量排放（year_summary.out、tgmonth.out）等；③环境要素，包括分层日平均地温（soiltavg.out）、日最高最低地温（soiltmax.out、soiltmin.out）、日容积土壤含水量（vswc.out）、日水量平衡（watrbal.out）、土壤孔隙水（wfps.out）、土壤底层日水通量（wflux.out）等。生态系统中物质循环主要体现在碳、氮等元素的流动上，反映了土壤物理性质，如土壤分层温度、水分状况、蒸发等；土壤化学性质，如土壤有机碳、氮库量等；还反映了植物生长的地上、地下生物量碳，以及温室气体排放通量的变化。

6.1.3　Daycent 模型参数化

本研究 Daycent 模型输入参数文件主要包括气象数据（＊.wth）、站点信息（site.100）、植被参数（crop.100），输入参数来源于前人的研究成果、野外实测数据及模型默认值。在获取参数化值后进行模型初始化，然后在实际应用前，对敏感参数进行反复校正，进而确定最终取值。

首先假设在自然状态下藏北高寒草甸草原所有生态特征量的累积只

受自然因素的影响，如气温、降水、土壤等，利用那曲站点实测气候数据（1971—2017 年）生成随机气候数据驱动 Daycent 模型运行 5 000 a，使生态系统碳库积累并达到平稳状态；然后将达到平稳态的碳库作为初始条件，利用实际历史气候数据运转模型，将模型输出结果和实测结果进行适应性检验，最后根据结果对参数在合理取值范围内进行调整并确定。

　　本研究以藏北高寒草甸为研究对象，应用 Daycent 模型对站点相关参数进行反复调整，以期得到模拟效果在可接受范围内的模型参数，使净生态系统碳交换量（NEE）值尽可能接近实测数据。通过利用 2012 年 NEE 实测值与模型对应输出值进行模型校正，结果如图 6-3 所示。2012 年 NEE 的实测值在模拟值附近，且模拟值与实测值线性拟合与 1∶1 线接近，其回归方程的决定系数 R^2 为 0.91，均方根误差 $RMSE$ 为 0.32 g C/m^2，表明 Daycent 模型对藏北高寒草甸日 NEE 的模拟效果较好，参数取值较为合理，基本能反映 NEE 的长期变化动态和趋势。

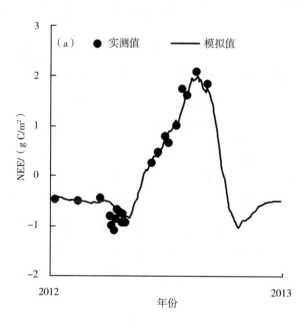

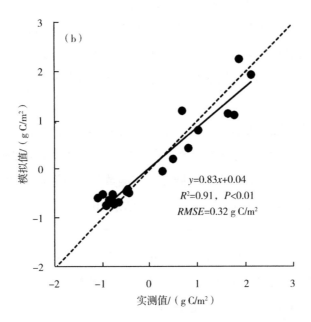

y=0.83x+0.04
R^2=0.91，P<0.01
$RMSE$=0.32 g C/m²

图 6-3　2012 年藏北高寒草甸 CO_2 净交换模拟值与实测值的比较

通过前述校验所获 Daycent 模型关键输入参数，包括研究站点土壤参数、植被参数、外界营养物质输入参数以及土壤有机质参数，具体参数值见表 6-1。其中，土壤理化性质和控制参数输入在研究站点（site. 100）文件中，包括 0~20cm 土壤砂粒含量、粉粒含量、黏粒含量（%）、土壤容重（g/cm³）、土壤萎蔫系数、田间持水量（%）及土壤 pH 值；Daycent 模型中植被参数，主要通过地上生物量对温度的响应曲线来考虑植物生长最适温度（℃）和最高温度（℃）等参数对植物潜在地上月生长系数的影响；外界营养输入参数，主要通过大气 N 沉降、土壤非共生生物固 N 线性方程斜率来反映；Daycent 模型中土壤有机质（SOM）分为活性、慢性和惰性库，且根据输入土壤的枯落物（植物残体）的碳氮比（C/N）分为结构库和代谢库。

表 6-1　Daycent 模型关键参数

项目	参数名称	参数值	说明
土壤参数	Sand	0.37	砂粒含量/%
	Silt	0.39	粉粒含量/%
	Clay	0.24	黏粒含量/%
	Bulkd	0.93	土壤容重/（g/cm³）
	Awilt	0.17	土壤萎蔫系数
	Afifl	0.35	田间持水量/%
	pH	7.5	土壤 pH 值
植被参数	PRDX（1）	0.6	植物潜在地上月生长系数
	PPDF（1）	15	植物生长最适温度/℃
	PPDF（2）	30	植物生长适宜最高温度/℃
外界营养输入参数	EPNFA（1）	0.05	大气 N 沉降线性方程截距
	EPNFA（2）	0.008 5	大气 N 沉降线性方程斜率
	EPNFS（1）	30	年最小蒸散量/mm
	EPNFS（2）	0.012	土壤非共生生物固 N 线性方程斜率
土壤有机质初始参数	RCES1（1，1）	22.9	地表活性有机质 C/N
	RCES1（2，1）	8.1	活性土壤有机质 C/N
	RCES2（1）	77.3	慢性土壤有机质 C/N
	RCES3（1）	40	惰性土壤有机质 C/N
	RCELIT（1，1）	137	地表枯落物 C/N
	RCELIT（2，1）	137	土壤枯落物 C/N

6.1.4　Daycent 模型验证

为验证所获模型参数的模拟能力，本研究利用已经完成参数化的 Daycent 模型对藏北高寒草甸 2013—2017 年 NEE 进行模拟，并对模拟结果进行验证。NEE 作为生态系统碳源/汇功能的重要评价指标，是生态系统吸收的 CO_2 与生态系统呼吸排放的 CO_2 的差值，表示生态系统与大气之间净 CO_2 交换量。NEE 为正值表示净 CO_2 吸收，负值表示净 CO_2 排放。在藏北高寒草甸研究中，对 NEE 的模拟是研究高寒草甸碳收支动态的关键。

通过 2013—2017 年藏北高寒草甸日 NEE 模拟值与实测值的动态变化（图 6-4）比较发现，模拟值和实测值在数值和变化趋势上均保持了较高的一致性。NEE 日变化呈 "单峰型" 曲线，其中生长季内出现吸收峰，非生长季内出现排放峰，NEE 季节变化为吸收峰与排放峰交替出现。由于生长季是生态系统 CO_2 交换最活跃的时期，模型很好地捕捉到了碳吸收峰值，而碳排放高峰一般出现在生长季前期或后期，其原因是生长季前期和后期的脉冲性降水会极大地促进生态系统碳排放（石培礼等，2006）。NEE 日变化范围为 $-2 \sim 3$ g C/m^2，且实测值在模拟值附近，表明 Daycent 模型能较准确地模拟 NEE 动态，具有较强的模拟 NEE 长期变化趋势的能力，可用于气候变化及不同温室气体排放情景对 NEE 长期变化影响的分析与评估。

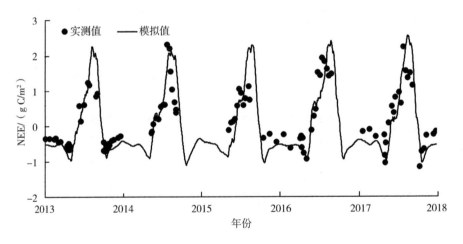

图 6-4 2013—2017 年藏北高寒草甸 CO_2 净交换模拟值与实测值的变化

进一步将 2013—2017 年各年份日 NEE 模拟值与实测值做散点图和回归分析（图 6-5），发现模拟值与实测值线性拟合与 1∶1 线较为接近，线性拟合 R^2 变化范围为 0.62~0.75，$RMSE$ 范围为 0.42~0.74 g C/m^2。其中，2013 年回归方程 R^2 最大，为 0.75，均方根误差 $RMSE$ 最小，为 0.42 g C/m^2，其次是 2017 年，回归方程 R^2 为 0.71，$RMSE$ 为 0.65 g C/m^2，而

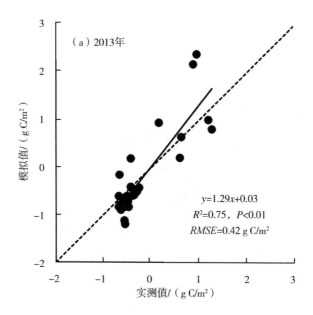

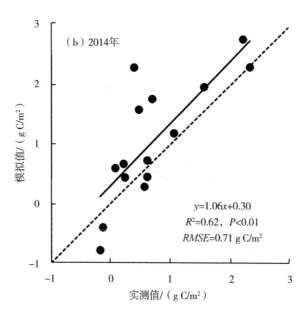

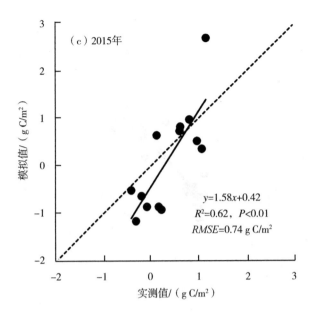

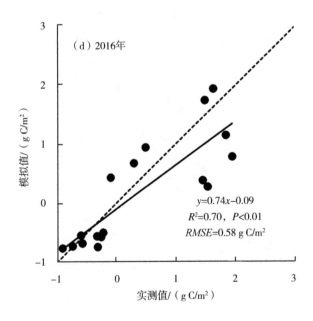

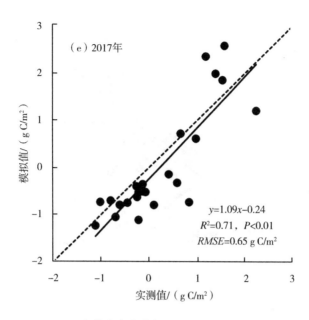

图 6-5 2013—2017 年藏北高寒草甸 CO_2 净交换模拟值与实测值的比较

2014 年、2015 年、2016 年回归方程 R^2 分别为 0.62、0.62 和 0.70，$RMSE$ 分别为 0.71 g C/m^2、0.74 g C/m^2 和 0.58 g C/m^2，总体上评价参数均达到较高水平，表明 Daycent 模型在对藏北高寒草甸 NEE 的模拟上取得较好的验证效果，适用性较强。

对藏北高寒草甸生长季和非生长季 NEE 模拟值与实测值进行比较（图 6-6）发现，生长季时期 NEE 模拟值与实测值线性回归方程决定系数 R^2 为 0.35，均方根误差 $RMSE$ 为 0.80 g C/m^2，变化范围为 -0.91 ~ 2.77 g C/m^2，而在非生长季模拟结果中，模拟值与实测值线性拟合 R^2 相对偏低，为 0.12，而 $RMSE$ 为 0.30 g C/m^2，低于生长季均方根误差，原因可能是由于非生长季碳交换强度较弱，导致样本值变化较小，变化范围仅为 -1.23 ~ -0.16 g C/m^2。综合来看，Daycent 模型模拟结果在合理范围内，且对高寒草甸生长季 NEE 的模拟效果较好。

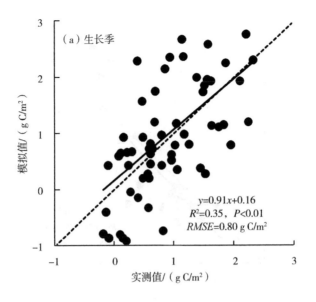

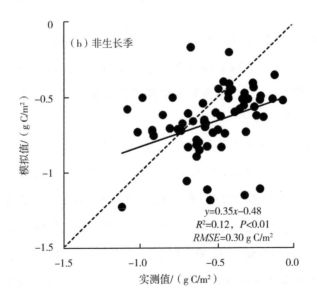

图6-6 藏北高寒草甸生长季和非生长季 CO₂ 净交换模拟值与实测值的比较

6.2　不同温室气体排放情景下藏北高寒草甸气候变化特征

本节研究将综合分析研究站点未来 2020—2099 年 RCP4.5 和 RCP8.5 情景数据，以 1971—2017 年实测气象数据作为基准时段，分别讨论未来 4 个时段（2020—2039 年、2040—2059 年、2060—2079 年及 2080—2099 年）在两种温室气体排放情景下藏北高寒草甸气温和降水量的变化特征。

6.2.1　不同温室气体排放情景下藏北高寒草甸气温和降水年际变化特征

在 RCP4.5 和 RCP8.5 情景下，藏北未来气候呈暖湿化趋势。由图 6-7 可知，相对于基准时段（1971—2017 年），两种情景下藏北高寒草甸 2020—2099 年的年均最高气温、年均最低气温和年均气温均显著上升（$P<0.05$），其中年均气温上升至 0 ℃以上，且升高最多，分别较基准时段的 -0.6 ℃分别升高为 1.1 ℃和 2.2 ℃；而相对于 RCP4.5 情景下的气温变化，RCP8.5 情景下各气温特征值显著升高。年降水量在两种情景下较基准时段的 446.6 mm 均显著增加（$P<0.05$），其中 RCP8.5 情景下降水量最高，为 598.5 mm。

（1）不同温室气体排放情景下藏北高寒草甸气温年际变化特征　年均最高气温在两种情景下均呈显著升高趋势（图 6-8）。在 RCP8.5 情景下上升趋势较快，上升的平均速率达 0.7 ℃/10 a（$R^2=0.90$），RCP4.5 情景下年均最高气温上升速率为 0.3 ℃/10 a（$R^2=0.63$）。2020—2099 年每 20 a 划分，RCP4.5 和 RCP8.5 情景下年均最高气温不断升高。RCP8.5 情景下，相对于 2020—2039 时段的年均最高气温 7.0 ℃，未来 2040—2099 年的 3 个时段内年均最高气温分别增加 1.3 ℃、3.1 ℃、4.3 ℃；RCP4.5 情景下，相对于 2020—2039 时段的年均最高气温 7.2 ℃，未来 2040—2099

年 3 个时段内的年均最高气温分别升高 0.6 ℃、1.2 ℃和 1.6 ℃。除
2020—2039 年外，其他 3 个时段内 RCP8.5 情景下的年均最高气温均高于
RCP4.5 情景，分别高 0.5 ℃、1.7 ℃和 2.6 ℃。

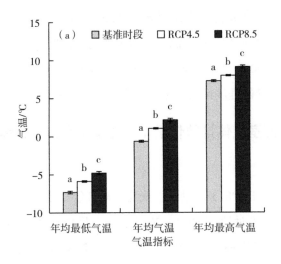

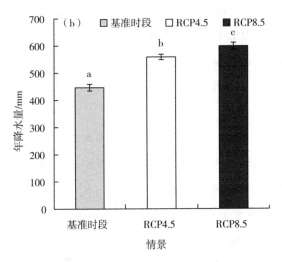

图 6-7　不同温室气体排放情景下藏北那曲气温和降水变化特征

注：柱上不同小写字母表示不同温室气体排放情景间差异显著（$P<0.05$）。

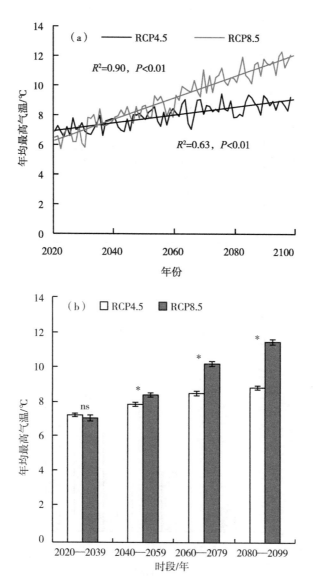

图 6-8　不同温室气体排放情景下藏北那曲年均最高温度变化

注：ns 表示差异不显著，＊表示差异显著（$P<0.05$）。

　　年均最低气温在两种情景下均表现为显著性上升趋势（图6-9）。在RCP8.5情景下上升速率较快，达0.8 ℃/10 a（$R^2 = 0.95$），RCP4.5情景

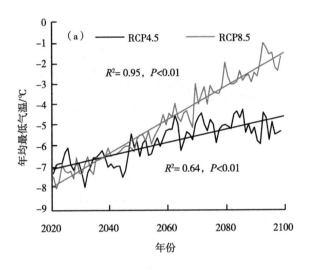

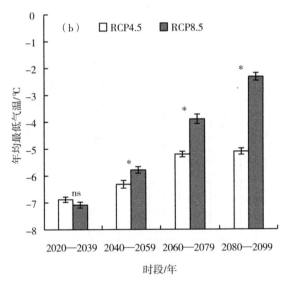

图6-9　不同温室气体排放情景下藏北那曲年均最低温度变化

注：ns表示差异不显著，*表示差异显著（$P < 0.05$）。

下年均最低气温上升速率为 0.3 ℃/10 a（$R^2 = 0.64$）。2020—2099 年每 20 a 划分，RCP4.5 和 RCP8.5 情景下年均最低气温不断升高。RCP8.5 情景下，相对于 2020—2039 年时段年均最低气温-7.1 ℃，2040—2099 年的 3 个时段内年均最低气温分别增加了 1.3 ℃、3.2 ℃和 4.8 ℃；RCP4.5 情景下，相对于 2020—2039 年时段的年均最低气温-6.9 ℃，2040—2099 年 3 个时段内年均气温分别升高 0.6 ℃、1.7 ℃和 1.8 ℃。除 2020—2039 年外，其他 3 个时段内 RCP8.5 情景下的年均最低气温均高于 RCP4.5 情景，分别高 0.5 ℃、1.3 ℃和 2.8 ℃。

年均气温在 RCP4.5 和 RCP8.5 情景下均表现出显著上升的趋势（图 6-10）。其中，RCP8.5 情景下增长速率较快，达 0.8 ℃/10 a（$R^2 = 0.96$），RCP4.5 情景下年均气温上升速率为 0.3 ℃/10 a（$R^2 = 0.72$）。每 20 a 划分，RCP4.5 和 RCP8.5 情景下年均气温在 2020—2099 年不同时段不断升高。RCP8.5 情景下，相对于 2020—2039 时段的年均气温-0.1 ℃，在 2040—2099 年 3 个时段内年均气温分别增加了 1.3 ℃、3.1 ℃和 4.5 ℃；RCP4.5 情景下，相对于 2020—2039 年时段年均气温-0.13 ℃，2040—2099 年 3 个时段内年均气温分别升高 0.6 ℃、1.5 ℃和 1.7 ℃。除 2020—2039 年外，其他 3 个时段内 RCP8.5 情景下的年均气温均高于 RCP4.5 情景下，且分别高 0.5 ℃、1.5 ℃和 2.7 ℃。

（2）不同温室气体排放情景下藏北高寒草甸降水量年际变化特征　在 RCP4.5 和 RCP8.5 两种情景下，年降水量呈显著增加趋势（图 6-11）。其中，RCP8.5 情景下增加速率较快，为 29.7 mm/10 a（$R^2 = 0.36$），RCP4.5 情景下年降水量上升速率为 19.2 mm/10 a（$R^2 = 0.25$）。每 20 a 划分，在 2020—2099 年 4 个时段中，RCP4.5 情景下的年降水量在 2060—2079 年和 2080—2099 年两时段内分别为 589.4 mm 和 615.9 mm，均高于前两时段的降水量；RCP8.5 情景下年降水量不断增加，且 2080—2099 年时段内年降水量高达 700.1 mm，较前 3 个时段分别升高 184.5 mm、112.1 mm 和 104.8 mm。两个情景下的年降水量在 2040—2059 年及 2080—

2099 年两个时段内，RCP8.5 情景下年降水量均高于 RCP4.5 情景下的年
降水量，且分别高 68.9 mm 和 84.2 mm。

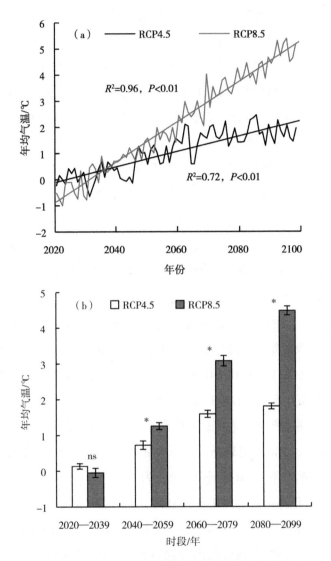

图 6-10 不同温室气体排放情景下藏北那曲年均温度变化

注：ns 表示差异不显著，* 表示差异显著（$P<0.05$）。

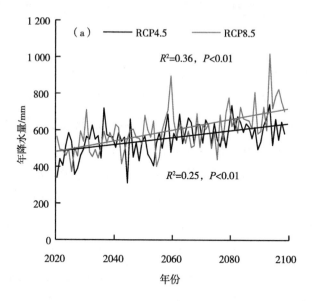

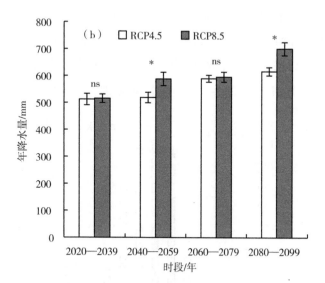

图6-11　不同温室气体排放情景下藏北那曲降水量变化

注：ns表示差异不显著，＊表示差异显著（$P<0.05$）。

6.2.2 不同温室气体排放情景下藏北高寒草甸气温和降水季节变化特征

RCP4.5 和 RCP8.5 两个情景下，藏北高寒草甸气温和降水量具有明显的季节性（图6-12，表6-2）。2020—2099 年生长季（5—9月）和非生长季（1—4月和10—12月）月平均最高气温、最低气温、平均气温及降水量变化基本一致，但在生长季与非生长季之间相差较大。从气温来看，生长季平均最高、最低气温及平均气温均大于 0 ℃，RCP4.5 情景下依次为 (14.6±0.1) ℃、(2.9±0.1) ℃ 及 (8.8±0.1) ℃，RCP8.5 情景下较高，分别为 (15.8±0.2) ℃、(4.2±0.2) ℃ 及 (10.0±0.2) ℃，两个情景下 7 月均为最暖月份，RCP4.5 和 RCP8.5 两个情景下月平均气温分别为 10.9 ℃和12.4 ℃；在非生长季，RCP4.5 和 RCP8.5 两个情景下仅平均最高气温大于0 ℃，分别为 (3.2±0.1) ℃ 和 (4.3±0.2) ℃，而 RCP8.5 情景下最低气温和平均气温均高于 RCP4.5 情景下的最低气温和平均气温，两个情景下 1 月均为最冷月份，月平均气温分别为-9.9 ℃和-9.5 ℃。从降水量分布格局来看，两个情景下降水量均主要集中在生长季，RCP4.5 和 RCP8.5 两个情景下的生长季降水量分别达（494.9±9.6）mm 和

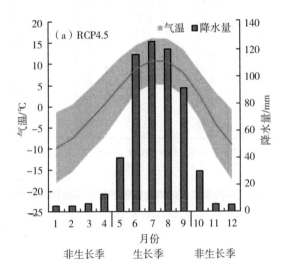

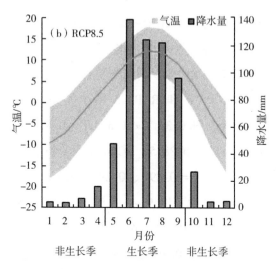

图6-12　不同温室气体排放情景下藏北那曲气温和降水量的季节分布

（529.8±11.6）mm，均占各情景下全年降水量的89%，而非生长季降水量

分别为（63.5±2.3）mm 和（68.6±2.8）mm，均占全年降水量的11%。

表6-2　不同温室气体排放情景下藏北那曲气温和降水量的季节特征

气候特征量	情景	生长季	非生长季
最低气温/℃	基准时段	1.6±0.2a	−13.8±0.2a
	RCP4.5	2.9±0.1ab	−12.2±0.1ab
	RCP8.5	4.2±0.2b	−11.3±0.2b
平均气温/℃	基准时段	7.2±0.1a	−6.3±0.2a
	RCP4.5	8.8±0.1ab	−4.5±0.1ab
	RCP8.5	10.0±0.2b	−3.5±0.2b
最高气温/℃	基准时段	14.2±0.1a	2.3±0.2a
	RCP4.5	14.6±0.1a	3.2±0.1a
	RCP8.5	15.8±0.2a	4.3±0.2a
降水量/mm	基准时段	395.8±11.7a	50.8±2.8a
	RCP4.5	494.9±9.6b	63.5±2.3ab
	RCP8.5	529.8±11.6b	68.6±2.8b

注：表中数据为平均值±标准误差；不同小写字母表示不同情景间差异显著（$P<0.05$）。

(1) 不同温室气体排放情景下藏北高寒草甸气温季节变化特征　在RCP4.5、RCP8.5 两个情景下，2020—2099 年藏北那曲生长季和非生长季平均最高气温、最低气温、平均气温均呈显著上升趋势（图 6-13）。RCP8.5 情景下增温速率较 RCP4.5 情景下更快，尤以最低气温升高最快。生长季最低气温在 RCP8.5 和 RCP4.5 两个情景下增温速率分别为0.80 ℃/10 a（$R^2 = 0.96$）和 0.36 ℃/10 a（$R^2 = 0.80$），波动范围分别为0.9~7.9 ℃、1.1~4.3 ℃；RCP8.5、RCP4.5 两个情景下非生长季最低气温分别为 0.83 ℃/10 a（$R^2 = 0.89$）、0.29 ℃/10 a（$R^2 = 0.39$），且在RCP8.5 情景下变动范围为 -14.9 ~ -6.9 ℃，RCP4.5 情景下范围为-14.9~-10.1 ℃。RCP8.5、RCP4.5 两个情景下生长季平均气温每 10 a 分别升高 0.74 ℃（$R^2 = 0.96$）、0.30 ℃（$R^2 = 0.77$），非生长季平均气温每10 a 分别升高 0.79 ℃（$R^2 = 0.91$）、0.30 ℃（$R^2 = 0.54$）；RCP8.5 和RCP4.5 两个情景下生长季最高气温的气温倾向率分别为 0.69 ℃/10 a（$R^2 = 0.88$）、0.25 ℃/10 a（$R^2 = 0.55$），而非生长季最高气温的气温倾向率分别为 0.76 ℃/10 a（$R^2 = 0.84$）、0.30 ℃/10 a（$R^2 = 0.49$）。综上，RCP8.5 情景下增温速率较快，且非生长季气温上升较生长季更快。

RCP4.5 和 RCP8.5 两个情景下，生长季和非生长季最高气温不断上升。每 20 a 划分，两个情景下生长季最高气温在 2020—2099 年 4 个时段结果显示（图 6-14a），RCP8.5 情景下最高气温在 2080—2099 年为最高，为 17.8 ℃，较前 3 个时段的温度高出 3.9 ℃、2.8 ℃ 和 1.2 ℃，而RCP4.5 情景下 2060—2079 年和 2080—2099 年两个时段最高气温分别为15.0 ℃ 和 15.3 ℃，高于前两个时段的最高气温；通过不同时段两个情景下的最高气温比较，发现 RCP8.5 情景下的最高气温较高，2020—2039 年两个情景下的最高气温分别为 13.76 ℃ 和 13.82 ℃，未来 2040—2099 年的3 个时段内 RCP8.5 情景下的最高气温较 RCP4.5 情景下的最高气温依次高0.5 ℃、1.6 ℃ 和 2.5 ℃。非生长季最高气温在未来 4 个时段的结果显示（图 6-14b），2080—2099 年时段 RCP8.5 情景下的最高气温为 6.6 ℃，高

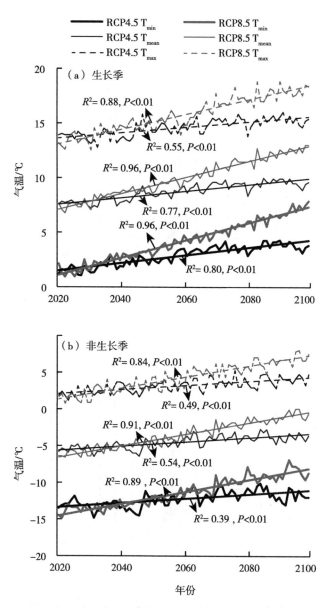

图 6-13 不同温室气体排放情景下藏北那曲生长季与非生长季气温变化

注：T_{min}表示最低气温，T_{mean}表示平均气温，T_{max}表示最高气温。

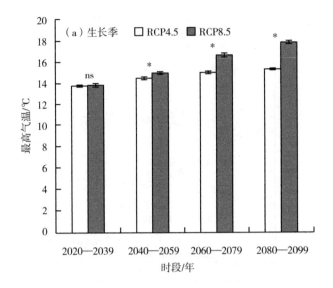

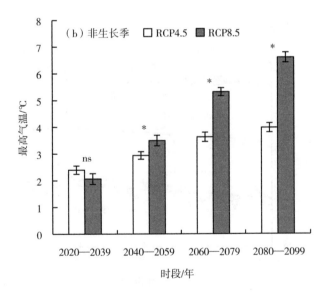

图 6-14 不同温室气体排放情景下藏北那曲生长季与非生长季最高温度变化

注：ns 表示差异不显著，∗ 表示差异显著（$P<0.05$）。

于 2020—2079 年的 3 个时段最高气温度值，而 RCP4.5 情景下后两个时段最高气温分别为 3.6 ℃和 4.0℃，均高于 2020—2039 年和 2040—2059 年两个时段的最高气温；通过比较不同时段两个情景下的非生长季最高气温，发现除 2020—2039 年时段外，RCP8.5 情景下最高气温在 2040—2099 年的3 个时段内均高于 RCP4.5 情景下的最高气温，分别高 0.6 ℃、1.7 ℃和 2.6 ℃。

　　两个情景下生长季和非生长季最低气温不断升高。生长季最低气温在 2020—2099 年不同时段结果显示（图 6-15a），在 RCP4.5 和 RCP8.5 情景下 2080—2099 年时段的最低气温均为最高，分别为 3.8 ℃、6.7 ℃，均高于前 3 个时段的最低气温；通过比较不同时段两个情景下的最低气温，发现在未来 4 个时段 RCP8.5 情景下的最低气温较 RCP4.5 情景分别高 0.2 ℃、0.9 ℃、1.5 ℃和 2.9 ℃。非生长季最低气温变化结果显示（图 6-15b），RCP8.5 情景下 2080—2099 年时段非生长季最低气温为 −8.8 ℃，高于前 3 个时段的温度值，而 RCP4.5 情景下 2060—2079 年和 2080—2099 年两个时段的最低气温高于 2020—2039 年和 2040—2059 年两个时段的最低气温；除 2020—2039 年时段外，2040—2099 年中的 3 个时段，RCP8.5 情景下的最低气温均高于 RCP4.5 情景下的最低气温。

　　两个情景下，生长季和非生长季平均气温不断升高。生长季平均气温在未来不同时段的结果显示（图 6-16a），RCP4.5 和 RCP8.5 两个情景下的生长季平均气温在 2020—2039 年时段最低，分别为 7.8 ℃和 7.9 ℃，最高出现在 2080—2099 年时段为 9.6 ℃和 12.3 ℃；不同情景下同一时段进行比较发现，在未来 4 个时段 RCP8.5 情景下的平均气温均高于 RCP4.5 情景下的平均气温，分别高 0.1 ℃、0.7 ℃、1.6 ℃和 2.7 ℃。非生长季平均气温结果显示（图 6-16b），2080—2099 时段在 RCP8.5 情景下的平均气温为 −1.1 ℃，高于 2020—2079 年的 3 个时段的最高气温度，而在 RCP4.5 情景下 2060—2099 年的 2 个时段平均气温分别为−3.9 ℃和 −3.8 ℃，均高于 2020—2039 年和 2040—2059 年两个时段的平均气温；对同一时段不同情景

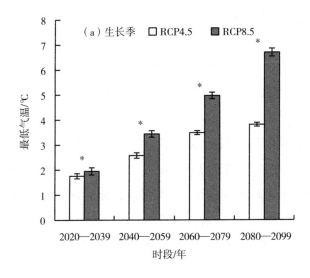

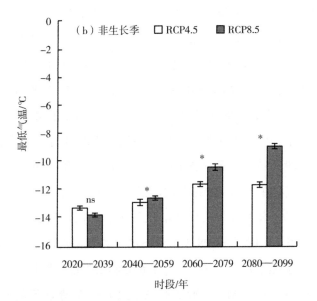

图 6-15 不同温室气体排放情景下藏北那曲生长季与非生长季最低温度变化

注：ns 表示差异不显著，＊表示差异显著（*P*<0.05）。

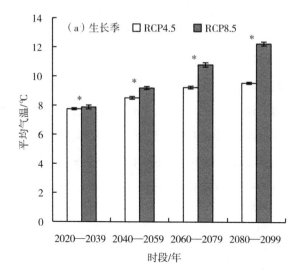

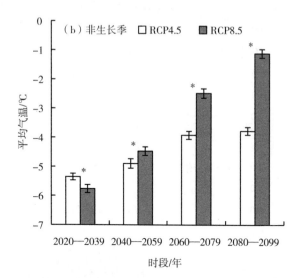

图 6-16　不同温室气体排放情景下藏北那曲生长季与非生长季平均温度变化

注：ns 表示差异不显著，＊表示差异显著（$P<0.05$）。

下的平均气温进行比较发现，2020—2039 年时段 RCP8.5 情景的平均气温
为-5.8 ℃，低于 RCP4.5 情景下的最低气温，而其他 3 个时段 RCP8.5 情景

下平均气温较 RCP4.5 情景下的平均气温升高 0.4 ℃、1.4 ℃和 2.7 ℃。

（2）不同温室气体排放情景下藏北高寒草甸降水量季节变化特征 未来两种情景下，生长季降水量均呈显著增长趋势，而非生长季降水量在 RCP8.5 情景下显著增加，在 RCP4.5 情景下无显著变化。生长季降水量在 RCP8.5 情景下增加速率较快，为 24.6 mm/10 a（$R^2 = 0.30$），波动范围为 305.1~862.0 mm，而在 RCP4.5 情景下上升速率为 17.4 mm/10 a（$R^2 = 0.22$），波动范围内 266.1~702.4 mm（图 6-17a）；通过对不同情景下

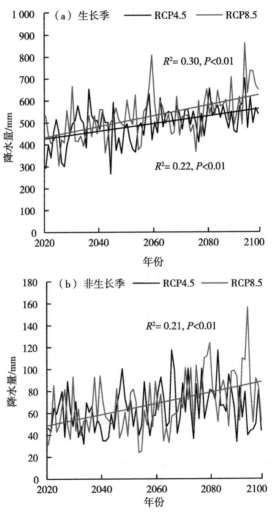

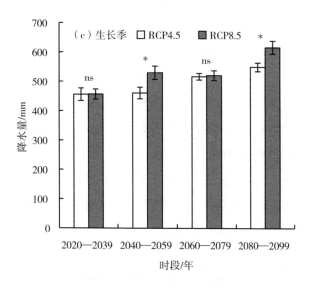

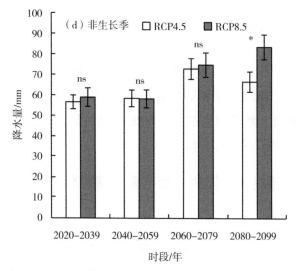

图 6-17　不同温室气体排放情景下藏北那曲生长季与非生长季降水量的变化

注：ns 表示差异不显著，＊表示差异显著（$P<0.05$）。

非生长季降水量变化分析可知（图6-17b），RCP8.5情景下每10 a增加5.1 mm（$R^2 = 0.21$），而RCP4.5情景下无显著变化趋势。每20 a划分，比较同一情景下生长季降水量在未来不同时段的变化可知（图6-17c），RCP8.5情景下在2080—2099年时段的降水量高于前3个时段，为616.6 mm，RCP4.5情景下在2060—2079年和2080—2099年两个时段生长季降水量较高，分别为516.6 mm和549.4 mm；通过对不同情景下同一时段降水量模拟结果比较，RCP8.5情景下的生长季降水量均高于RCP4.5情景下的，且在2040—2059年和2080—2099年两个时段降水相差最大，均高出67 mm以上。根据不同情景下非生长季降水量变化结果（图5-10d），RCP8.5情景下的非生长季降水量较RCP4.5情景平均高5.3 mm，其中以2080—2099年时段最为明显，为17.0 mm。

6.3 不同温室气体排放情景下藏北高寒草甸 CO_2 净交换变化特征

本研究以1971—2017年NEE为基准，分析RCP4.5和RCP8.5两个情景下不同时段（2020—2039年、2040—2059年、2060—2079年及2080—2099年）内藏北高寒草甸生态系统NEE变化特征，并综合分析高寒草甸生态系统碳收支对气候变化的响应。

6.3.1 不同温室气体排放情景下藏北高寒草甸 CO_2 净交换年际变化特征

不同温室气体排放情景下，藏北高寒草甸NEE年际波动较大，无显著变化趋势（图6-18a）。从波动范围来看，RCP8.5情景下，2020—2099年NEE为-22.8~41.0 g C/m²，其中最大波动发生在2020—2039年时段，为-22.8~38.4 g C/m²；相较于RCP8.5情景，RCP4.5情景下的NEE波动范围更大，为-28.5~73.4 g C/m²，其中2060—2079年时段内NEE变动最大，为-20.8~

73.4 g C/m^2，而在 2080—2099 年变动幅度减小，为−4.3~37.4 g C/m^2；由变异系数（CV）来看，RCP8.5 情景下，未来 4 个时段的 NEE 变异系数分别为 69.6%、40.0%、31.6% 和 35.4%；RCP4.5 情景下变异系数依次为 68.8%、32.3%、54.6% 和 27.2%，可见两个情景下变异系数最大值均出现在 2020—2039 年时段，而在 2080—2099 年时段均较小（表 6−3）。总体而言，两个情景下 NEE 波动范围和变异系数在减小，推测未来 NEE 变动会逐渐趋于稳定。

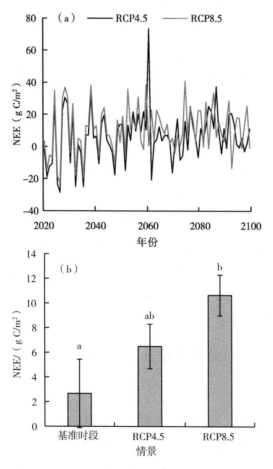

图 6−18　不同温室气体排放情景下藏北高寒草甸 CO$_2$ 净交换年际变化

注：不同小写字母表示不同情景间差异显著（$P<0.05$）。

表 6-3　不同温室气体排放情景下藏北高寒草甸 CO_2 净交换变化特征

时段/年	情景	最小值/ (g C/m²)	平均值/ (g C/m²)	最大值/ (g C/m²)	变异系数/%
2020—2039	RCP4.5	−28.5	1.3±4.6	32.7	68.8
	RCP8.5	−22.8	6.8±4.6	38.4	69.6
2040—2059	RCP4.5	−17.7	7.4±2.6	21.8	32.3
	RCP8.5	−10.9	11.7±3.1	38.6	40.0
2060—2079	RCP4.5	−20.8	6.7±4.3	73.4	54.6
	RCP8.5	−3.6	11.9±2.4	41.0	31.6
2080—2099	RCP4.5	−4.3	10.6±2.4	37.4	27.2
	RCP8.5	−13.5	12.2±2.8	33.6	35.4

　　两个情景下藏北高寒草甸均呈碳汇状态，且 RCP8.5 情景下碳汇功能较强。相对于基准时段的 NEE［(2.7±2.8) g C/m²］，2020—2099 年 RCP8.5 情景下 NEE 显著升高为 (10.6 ± 1.7) g C/m² ($P < 0.05$) (图 6-18b)。根据不同时段 NEE 结果显示 (表 6-3)，RCP8.5 情景下的 NEE 均大于 RCP4.5 情景下的，其中相差最大的为 2020—2039 年时段，该时段 RCP4.5 情景下 NEE 最小，为 (1.3±4.6) g C/m²，低于该时段 RCP8.5 情景下的 NEE［(6.8±4.6) g C/m²］。RCP4.5 和 RCP8.5 两个情景下 NEE 最高均出现在 2080—2099 年时段，分别为 (10.6±2.4) g C/m² 和 (12.2±2.8) g C/m²。

6.3.2　不同温室气体排放情景下藏北高寒草甸 CO_2 净交换季节变化特征

　　未来两个情景下，藏北高寒草甸 NEE 的季节变化特征显著 (图 6-19)。相对于基准时段，RCP8.5 情景下 2020—2099 年藏北高寒草甸生长季 NEE 显著升高为 129.0 g C/m² ($P<0.05$)，各情景非生长季的 NEE 均无显著差异 ($P>0.05$)。在生长季 (5—9 月)，RCP4.5 和 RCP8.5 两个情景下 NEE 分别为 24.7 g C/m² 和 25.8 g C/m²，其中仅 5 月表现为 CO_2 净排放，其他 4

个月均为 CO_2 净吸收，8 月为两个情景下 CO_2 净吸收的最高月份，且大于生长季 CO_2 净吸收量的 1/2，分别为 66.1 g C/m² 和 68.3 g C/m²，RCP8.5 情景下 7 月和 8 月 NEE 均显著高于基准时段（$P<0.05$）。而在为期 7 个月

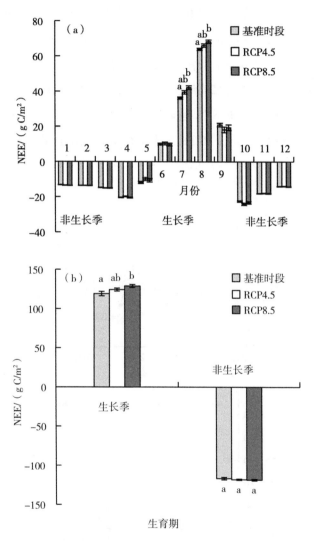

图 6-19　不同温室气体排放情景下藏北高寒草甸 CO_2 净交换季节变化

注：不同小写字母表示不同情景间差异显著（$P<0.05$）。

的非生长季（1—4月和10—12月），RCP4.5和RCP8.5两个情景下藏北高寒草甸表现均为CO_2净排放，净排放的CO_2总量分别为117.8 g C/m^2和118.3 g C/m^2，其中1月均为CO_2净排放量的最小月份，而4月和10月均为CO_2净排放量最高的两个月份，且两个情景下10月CO_2净排放量分别为24.0 g C/m^2和23.3 g C/m^2。综上，藏北高寒草甸非生长季呈碳源状态，生长季呈碳汇状态且RCP8.5情景下碳汇功能更强。

不同情景下，藏北高寒草甸在2020—2099年的生长季和非生长季NEE波动均较大，其中生长季NEE呈显著增加趋势，而非生长季NEE呈显著降低趋势（图6-20a、b）。RCP8.5情景下NEE变化速率更快，生长季NEE

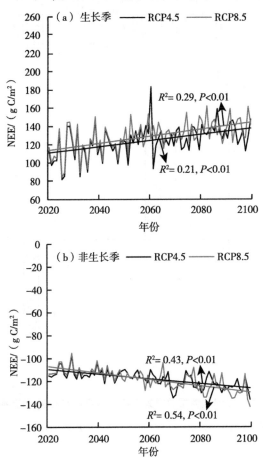

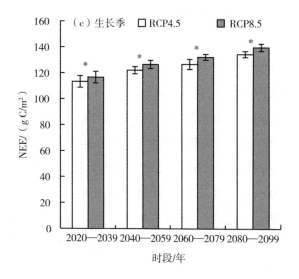

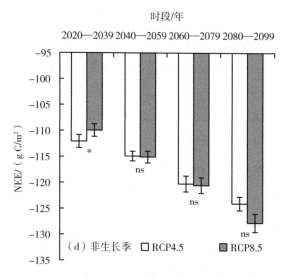

图 6-20 不同温室气体排放情景下藏北高寒草甸生长季与非生长季 CO_2

净交换变化及不同年代际间的变化

注：ns 表示差异不显著，＊表示差异显著（$P < 0.05$）。

上升速率为 3.8 g C/(m² · 10 a)（$R^2=0.29$），非生长季 NEE 下降速率为
2.9 g C/(m² · 10 a)（$R^2=0.54$），RCP4.5 情景下生长季和非生长季 NEE
变速则相对较慢，其倾向率分别为 3.4 g C/(m² · 10 a)（$R^2=0.21$）和
2.0 g C/(m² · 10 a)（$R^2=0.43$）。RCP4.5 和 RCP8.5 两个情景下，生长
季 NEE 的波动范围分别为 81.7～183.2 g C/m²、84.7～162.0 g C/m²，而
非生长季 NEE 变化分别为 -136.2～-96.9 g C/m²、-142.5～-95.2 g C/m²。
每 20 a 划分一个时段进行分析，藏北那曲生长季和非生长季不同时段 NEE
结果显示（图 6-20c、d），RCP4.5 和 RCP8.5 两个情景下生长季 NEE 上
升，在 2080—2099 年时段最高，分别为 134.6 g C/m²和 140.0 g C/m²，非
生长季 NEE 下降，在 2020—2099 年时段最小，分别为 -124.0 g C/m²和
127.8 g C/m²；对同一时段不同情景下的 NEE 进行比较发现，未来 4 个时
段 RCP8.5 情景下生长季 NEE 均高于 RCP4.5 情景下的生长季 NEE，而不
同情景下非生长 NEE 变化结果显示，仅在 2020—2039 年时段，RCP8.5 情
景下非生长季 NEE 绝对值低于 RCP4.5 情景，RCP4.5 和 RCP8.5 两个情
景下非生长季 NEE 分别为 -112.1 g C/m²和 -109.9 g C/m²。

6.4　小结

通过藏北那曲站点 2012—2017 年高寒草甸 NEE 通量数据对 Daycent 模
型的校验和验证，表明 Daycent 模型适用于模拟高寒草甸 NEE 的动态变化。
比较各年份模拟结果可以发现，模拟值和实测值保持了较高的一致性，R^2
为 0.62～0.91，$RMSE$ 为 0.32～0.74 g C/m²；比较不同季节的模拟效果，
相对于非生长季的模拟效果（$R^2=0.12$，$RMSE=0.30$ g C/m²），生长季
NEE 的模拟效果更好（$R^2=0.35$，$RMSE=0.80$ g C/m²）。

本章基于典型浓度路径（RCPs）中的 RCP4.5、RCP8.5 两个情景数
据，分析 RCPs 情景下藏北那曲未来气候的变化特征，应用 Daycent 模型模
拟不同温室气体排放情景下藏北高寒草甸 NEE 的变化动态，以 1971—2017

年作为基准时段，分析 2020—2099 年不同时段、不同情景下 NEE 的年际和季节变化特征，探究未来气候变化对高寒草甸碳交换的可能影响。主要结论如下。

（1）不同温室气体排放情景下藏北气候呈暖湿化趋势　以 1971—2017 年实测气候数据为基准，2020—2099 年 RCP4.5 和 RCP8.5 两个情景下气温和降水量均显著升高（$P<0.05$）。其中 RCP8.5 情景下增速较快，年均气温较基准时段的 -0.6 ℃升高至 2.2 ℃，同期年降水量由 446.6 mm 增至 598.5 mm，非生长季平均气温升高速率（0.8 ℃/10 a）较生长季（0.7 ℃/10 a）更快，生长季降水量增加速率（24.6 mm/10 a）大于非生长季（5.1 mm/10 a）。

（2）不同温室气体排放情景下藏北高寒草甸表现碳汇功能　相对于基准时段，RCP8.5 情景下年 NEE 显著升高，为（10.6±1.7）g C/m²，生长季 NEE 显著升高，为 129.0 g C/m²（$P<0.05$），但两个情景下非生长季 NEE 均无显著变化（$P>0.05$）。在生长季 NEE 呈显著增加、非生长季 NEE 呈显著降低（$P<0.05$）的趋势下，NEE 年际间波动较大，但无显著变化趋势。因而，在未来暖湿化情景下，高寒草甸生态系统碳汇将增强，且主要表现为生长季固碳能力增强。

作为基于过程的生物地球化学模型，Daycent 模型能较好地进行大气-土壤-植被间碳交换过程的模拟，且在生态系统碳收支的模拟方面具有较强的适用性。由于 Daycent 原模型为全球尺度模型，为适用于尽可能广的地域其参数取值范围通常较为宽泛，这在一定程度上降低了模拟的准确性，且由于藏北高原地形和环境的特殊性，原模型土壤和植被参数难以适用，因而本章利用藏北那曲站点气候、土壤及植被等数据进行 Daycent 模型参数化，并利用生态系统净 CO_2 通量数据进行模型校正与验证，经过合理调参后的模型能够对生态系统净 CO_2 通量进行较好地模拟，能有效地模拟碳交换的长期变化动态。尽管本研究仅对 NEE 模拟结果进行验证，未对植被生产力和土壤有机碳的模拟结果做验证分析，但 Daycent/CENTURY

模型对我国不同草地类型的模拟表明，该模型能较好地模拟气候变化对我国内蒙古温带草地（张存厚等，2013；陈辰等，2012；郭灵辉等，2016；纪翔等，2018）和青藏高原高寒草地（李东，2011；莫志鸿等，2012；栗文瀚，2018）初级生产力和土壤有机碳的影响。同时，该模型在分析历史气候和不同温室气体排放情景数据驱动下的草地碳动态变化方面（李秋月，2015；王松等，2016；耿元波等，2018）具有较强的模拟能力，在模拟草地生物量的季节性和年际变化动态（Nandintsetseg et al.，2012；祁晓婷等，2018）方面得到较好的应用。而在 Daycent 模型对草地生态系统碳吸收和排放的模拟上，不同草地类型，评价结果有所不同。有研究者利用 Daycent 模型对我国内蒙古温带草地净生态系统 CO_2 交换进行模拟，结果显示 Daycent 模型对草地碳交换量的模拟效果远不如对生产力和有机碳的模拟，并不能正确地反映碳交换动态（刘文俊，2016），这与本研究模型验证结果存在较大的差异，可能与研究区域、草地类型、气候条件、参数设置及模型敏感性等相关。目前针对我国，尤其是青藏高原高寒草地 NEE 变化的模型模拟研究结果不足，但通过本研究对藏北高寒草地生态系统 NEE 模拟的参数调整和验证分析，进一步支持了 Daycent 模型在高寒草地上的模拟适用性（李东，2011；栗文瀚，2018）。另外，本研究结果还发现非生长季的模拟效果相对生长季较弱，这可能与模型参数设置有关，未来研究中需进一步优化 Daycent 模型参数，增加其适用性和模拟准确性。同时，今后应加强对青藏高原 NEE 的模拟和估算研究，并分析 NEE 模拟的不确定性，为推动高寒草地生态系统保护，利用其生态服务功能提供更好的数据支持。

不同温室气体排放情景下藏北高寒草甸表现碳汇功能，在暖湿化趋势下高寒草甸生态系统碳汇功能将增强，且主要表现为生长季固碳能力增强。气温和降水量直接或间接地影响草地的碳输入和碳输出，进而影响草地生态系统净碳交换。不同温室气体排放情景结果显示，研究区未来呈暖湿化趋势，气温和年降水量呈显著上升趋势，这与前人研究结果一致

（Gao et al.，2014）。而在以气温升高、降水增加为特征的未来气候变化特征下，高寒生态系统净 CO_2 交换量的响应有所不同。有研究发现，未来温度升高、降水增加将有利于藏北高寒草甸碳净吸收（干珠扎布，2013），且未来气候变化将进一步加强高寒草甸碳汇功能（Peng et al.，2014）；但也有研究预测，在未来气候变化条件下高寒草地碳汇功能可能将减弱（Chen et al.，2012）。通过气候因子对高寒草甸生态系统恢复力的研究发现，除了年际温度和降水量外，生长季的温度和降水量也是影响生态系统碳输入的关键驱动因子（Zhou et al.，2008）。高寒草甸 NEE 与生长季内水热条件密切相关（Ganjurjav et al.，2016）。在水热的协同作用下，植被对土壤水分充分利用，光合作用能力增强，促进碳吸收（耿元波等，2018）。在本研究中，不同温室气体排放情景下生长季气温和降水量均显著升高，藏北高寒草甸生长季碳汇功能增强，表明生长季气温和降水量促进高寒草甸碳固定。未来藏北高寒草甸非生长季气温上升较生长季更快，为全年增温的主要贡献者，尽管其净碳排放量无显著变化，但非生长季碳排放不断增强。有研究认为，青藏高原土壤呼吸受低温限制，普遍排放较低，增温会加强土壤微生物活性（Zhang et al.，2016）和土壤酶活性（Wang et al.，2014），进而显著促进土壤呼吸（Lu et al.，2013；Frey et al.，2013）。综上所述，在未来温度升高、降水量增加的条件下，高寒草甸适应性较强，能充分利用水热条件促进碳积累。然而，本研究对 2020—2099 年藏北高寒草甸 NEE 的预测结果仍存在不确定性。主要原因是，模型对生态系统响应未来气候变化的模拟过程均是基于现在的生态系统状况，未考虑生态系统在气候变化过程中适应性和脆弱性的变化，而且气候变化并不是一个简单的线性变化过程，对任何温室气体排放情景的模拟均存在不确定性。因此，未来需加大对温室气体排放情景的预估和生态系统模型的研究，提高模拟精度，同时要重视不确定性研究，明确导致不确定性的具体因素，做定量研究和评估，提高气候变化对生态系统影响研究的确定性。

参考文献

包萨茹, 2016. 基于 CENTURY 模型的呼伦贝尔草原 ANPP 估算及其对气候变化的响应研究 [D]. 呼和浩特: 内蒙古大学.

常瑞英, 唐海萍, 2008. 草原固碳量估算方法及其敏感性分析 [J]. 植物生态学报, 32(4): 810-814.

陈辰, 2012. 气候变化与放牧管理对内蒙古生产力影响的模拟研究 [D]. 北京: 中国农业大学.

陈辰, 王靖, 潘学标, 等, 2012. CENTURY 模型在内蒙古草地生态系统的适用性评价 [J]. 草地学报, 20(6): 1011-1019.

陈静, 2004. 蔬菜中有机磷杀虫剂多残留分析方法研究 [D]. 北京: 中国农业大学.

陈全胜, 李凌浩, 韩兴国, 等, 2003. 水分对土壤呼吸的影响及机理 [J]. 生态学报, 23(5): 972-978.

陈四清, 2002. 基于遥感和 GIS 的内蒙古锡林河流域土地利用/土地覆盖变化和碳循环研究 [D]. 北京: 中国科学院遥感应用研究所.

陈祖刚, 巴图娜存, 徐芝英, 等, 2014. 基于数码相机的草地植被盖度测量方法对比研究 [J]. 草业学报, 23(6): 20-27.

崔庆虎, 蒋志刚, 刘季科, 等, 2007. 青藏高原高寒草地退化原因述评 [J]. 草业科学, 24(5): 20-26.

丁明军, 张镱锂, 刘林山, 等, 2010. 青藏高原植被覆盖对水热条件年内变化的响应及其空间特征 [J]. 地理科学进展, 29(4): 507-512.

樊江文, 邵全琴, 刘纪远, 等, 2010. 1988—2005 年三江源草地产草量

变化动态分析 [J]. 草地学报, 18(1): 5-10.

方精云, 刘国华, 徐嵩龄, 1996. 中国陆地生态系统碳库 [M]. 北京: 中国科学技术出版社: 251-276.

干珠扎布, 2013. 增温增雨对藏北小嵩草草甸生态系统碳交换的影响 [D]. 北京: 中国农业科学院.

高清竹, 李玉娥, 林而达, 等, 2005. 藏北地区草地退化时空特征分析 [J]. 地理学报, 60(6): 965-973.

高娃, 邢旗, 刘德福, 2007. 草原"三化"遥感监测技术方法和指标研究 [J]. 草原与草坪(4): 40-44.

耿晓东, 旭日, 2017. 梯度增温对青藏高原高寒草甸生态系统碳交换的影响 [J]. 草业科学, 34(12): 2407-2415.

耿元波, 王松, 胡雪荻, 2018. 高寒草甸草原净初级生产力对气候变化响应的模拟 [J]. 草业学报, 27(1): 1-13.

顾润源, 周伟灿, 白美兰, 等, 2012. 气候变化对内蒙古草原典型植物物候的影响 [J]. 生态学报, 32(3): 767-776.

郭连云, 赵年武, 田辉春, 2011. 气候变暖对三江源区高寒草地牧草生育期的影响 [J]. 草业科学, 28(4): 618-625.

郭灵辉, 高江波, 吴绍洪, 等, 2016. 1981—2010 年内蒙古草地土壤有机碳时空变化及其气候敏感性 [J]. 环境科学研究, 29(7): 1050-1058.

郭灵辉, 郝成元, 吴绍洪, 等, 2016. 内蒙古草地 NPP 变化特征及其对气候变化敏感性的 CENTURY 模拟研究 [J]. 地理研究, 35(2): 271-284.

贺有龙, 周华坤, 赵全新, 等, 2008. 青藏高原高寒草地的退化及其恢复 [J]. 草业与畜牧(11): 1-9.

胡芩, 姜大膀, 范广洲, 2015. 青藏高原未来气候变化预估: CMIP5 模式结果 [J]. 大气科学, 39(2): 260-270.

黄钰, 2011. 中国陆地植被 NPP 对气候变化响应及其敏感性分析 [D]. 南京: 南京信息工程大学.

纪翔, 马欣, 王玉涛, 等, 2018. 碳汇交易背景下呼伦贝尔草地土壤碳汇核算 [J]. 内蒙古煤炭经济, 266(21): 30-35.

金云峰, 王莎莎, 张建波, 等, 2015. 生长温度对不同生育期烟草叶片光合作用及质体色素代谢的影响 [J]. 中国农学通报, 31(22): 65-82.

李东, 2011. 基于 CENTURY 模型的高寒草甸土壤有机碳动态模拟研究 [D]. 南京: 南京农业大学.

李辉霞, 刘淑珍, 2007. 基于 ETM+影像的草地退化评价模型研究: 以西藏自治区那曲县为例 [J]. 中国沙漠, 27(3): 412-418.

李林, 陈晓光, 王振宇, 等, 2010. 青藏高原区域气候变化及其差异性研究 [J]. 气候变化研究进展, 6(3): 181-186.

李凌浩, 刘先华, 陈佐忠, 1998. 内蒙古锡林河流域羊草草原生态系统碳素循环研究 [J]. 植物学报, 40(10): 955-961.

李猛, 何永涛, 付刚, 等, 2016. 基于 TEM 模型的三江源草畜平衡分析 [J]. 生态环境学报, 25(12): 1915-1921.

李娜, 王根绪, 杨燕, 等, 2011. 短期增温对青藏高原高寒草甸植物群落结构和生物量的影响 [J]. 生态学报, 31(4): 895-905.

李琪, 薛红喜, 王云龙, 等, 2011. 土壤温度和水分对克氏针茅草原生态系统碳通量的影响初探 [J]. 农业环境科学学报, 30(3): 605-610.

李秋月, 2015. 气候变化及放牧对内蒙古草地的影响与适应对策 [D]. 北京: 中国农业大学.

李文华, 赵新全, 张宪洲, 等, 2013. 青藏高原主要生态系统变化及其碳源/碳汇功能作用 [J]. 自然杂志, 35(3): 172-178.

李晓佳, 2008. 大青山南北坡不同海拔高度表土理化性质研究 [D]. 呼和浩特：内蒙古师范大学.

李兴华, 武文杰, 张存厚, 等, 2011. 气候变化对内蒙古东北部森林草原火灾的影响 [J]. 干旱区资源与环境, 25(11)：114-119.

李媛媛, 董世魁, 李小艳, 等, 2012. 围栏封育对三江源区退化高寒草地植物光合作用及生物量的影响 [J]. 草地学报, 20(4)：621-625.

李月臣, 宫鹏, 刘春霞, 等, 2006. 北方 13 省 1982 年~1999 年植被变化及其与气候因子的关系 [J]. 资源科学, 28(2)：109-117.

李卓琳, 2014. 羊草生长发育对模拟主要全球气候变化因子的响应 [D]. 哈尔滨：东北师范大学.

栗文瀚, 2018. 气候变化对中国主要草地生产力和土壤有机碳影响的模拟研究 [D]. 北京：中国农业科学院.

梁四海, 陈江, 金晓媚, 等, 2007. 近 21 年青藏高原植被覆盖变化规律 [J]. 地球科学进展, 22(1)：33-40.

梁艳, 2016. 模拟氮沉降对藏北高寒草甸温室气体排放的影响 [D]. 北京：中国农业科学院.

林厚博, 游庆龙, 焦洋, 等, 2015. 基于高分辨率格点观测数据的青藏高原降水时空变化特征 [J]. 自然资源学报, 30(2)：271-281.

刘文俊, 2016. 气候变化对内蒙古羊草草原碳收支影响的研究 [D]. 北京：中国科学院大学.

刘玉英, 李卓琳, 韩佳育, 等, 2015. 模拟降雨量变化与 CO_2 浓度升高对羊草光合特性和生物量的影响 [J]. 草业学报, 24(11)：128-136.

陆丹丹, 2016. 基于 CENTURY 模型的内蒙古荒漠草原 ANPP 及其对气候变化的响应 [D]. 呼和浩特：内蒙古大学.

罗磊, 彭骏, 2004. 青藏高原北部荒漠化加剧的气候因素分析 [J]. 高原气象, 23(S1)：109-117.

吕新苗, 郑度, 2006. 气候变化对长江源地区高寒草甸生态系统的影响 [J]. 长江流域资源与环境, 15(5)：603-607.

马俊海,刘丹丹,2006.像元二分模型在土地利用现状更新调查中反演植被盖度的研究 [J].测绘通报(4):13-16.

马琳雅,崔霞,冯琦胜,等,2014.2001—2011 年甘南草地植被覆盖度动态变化分析 [J].草业学报,23(4):1-9.

马文红,方精云,杨元合,2010.中国北方草地生物量动态及其与气候因子的关系 [J].中国科学:生命科学,40(7):632-641.

毛留喜,孙艳玲,延晓冬,2006.陆地生态系统碳循环模型研究概述 [J].应用生态学报,17(11):2189-2195.

莫志鸿,2012.北方草原生态系统 NPP、R_h 和 SOC 对气候变化的响应 [D].北京:中国农业科学院.

莫志鸿,李玉娥,高清竹,2012.主要草原生态系统生产力对气候变化响应的模拟 [J].中国农业气象,33(4):545-554.

牟成香,孙庚,罗鹏,等,2013.青藏高原高寒草甸植物开花物候对极端干旱的响应 [J].应用与环境生态学报,19(2):272-279.

穆少杰,周可新,陈奕兆,等,2014.草地生态系统碳循环及其影响因素研究进展 [J].草地学报,22(3):439-447.

彭少麟,2005.生态系统模拟模型的研究进展 [J].热带亚热带植物学报,13(13):85-94.

朴世龙,方精云,贺金生,等,2004.中国草地植被生物量及其空间分布格局 [J].植物生态学报,28(4):491-498.

亓伟伟,牛海山,汪诗平,等,2012.增温对青藏高原高寒草甸生态系统固碳通量影响的模拟研究 [J].生态学报,32(6):1713-1722.

祁晓婷,韩永翔,张存厚,等,2018.公元 1~2000 年内蒙古草原 ANPP 序列的重建及特征研究:基于 CENTURY 模型 [J].干旱区资源与环境,32(2):107-113.

秦彧,宜树华,李乃杰,等,2012.青藏高原高寒草地生态系统碳循环研究进展 [J].草业学报,21(6):275-285.

曲桂芳, 徐文华, 王会, 等, 2016. 五角枫根系的负激发效应降低了异养呼吸及其温度敏感性 [J]. 生态学杂志, 35(10): 2692-2698.

色音巴图, 贾峰, 2003. 中国北方草地生物量时空分异的定位监测研究 [J]. 中国草地, 25(5): 9-14.

盛文萍, 高清竹, 李玉娥, 等, 2008. 藏北地区气候变化特征及其影响分析 [J]. 高原气象, 27(3): 509-516.

石福孙, 吴宁, 罗鹏, 2008. 川西北亚高山草甸植物群落结构及生物量对温度升高的响应 [J]. 生态学报, 28(11): 5286-5293.

石培礼, 孙晓敏, 徐玲玲, 等, 2006. 西藏高原草原化嵩草草甸生态系统 CO_2 净交换及其影响因子 [J]. 中国科学: 地球科学, 36(S1): 194-203.

陶贞, 次旦朗杰, 张胜华, 等, 2013. 草原土壤有机碳含量的控制因素 [J]. 生态学报, 33(9): 2684-2694.

王常顺, 孟凡栋, 汪诗平, 等, 2013. 青藏高原高寒草地生态系统对气候变化的响应 [J]. 生态学杂志, 32(6): 1587-1595.

王根绪, 丁永建, 王建, 等, 2004. 近15年来长江黄河源区的土地覆被变化 [J]. 地理学报, 59(2): 163-173.

王穗子, 樊江文, 刘帅, 2017. 中国草地碳库估算差异性综合分析 [J]. 草地学报, 25(5): 905-913.

王军邦, 黄玫, 林小惠, 2012. 青藏高原高寒草地生态系统碳收支研究进展 [J]. 地理科学进展, 31(1): 123-128.

王青霞, 吕世华, 鲍艳, 等, 2013. 青藏高原不同时间尺度植被变化特征及其与气候因子的关系分析 [C]. 北京: 中国气象学会.

王松, 耿元波, 母悦, 2016. 典型草原净初级生产力对气候变化响应的模拟 [J]. 草业学报, 25(12): 4-13.

王一峰, 李怡颖, 2017. 温度变化对沙生风毛菊光合特性的影响 [J]. 西北师范大学学报(自然科学版), 53(1): 79-84.

王玉辉，周广胜，2004. 内蒙古羊草草原植物群落地上初级生产力时间动态对降水变化的响应 [J]. 生态学报，24(6)：1140-1145.

王正兴，刘闯，赵冰茹，等，2005. 利用 MODIS 增强型植被指数反演草地地上生物量 [J]. 兰州大学学报，41(2)：10-16.

武高林，杜国祯，2007. 青藏高原退化高寒草地生态系统恢复和可持续发展探讨 [J]. 自然杂志，29(3)：159-164.

吴建国，2010. 降雨量和温度变化对麻花艽叶片光合作用及相关生理参数的影响 [J]. 中国草地学报，32(5)：73-79.

吴琴，曹广民，胡启武，等，2005. 矮嵩草草甸植被-土壤系统 CO_2 的释放特征 [J]. 资源科学，27(2)：96-102.

肖向明，王义凤，陈佐忠，1996. 内蒙古锡林河流域典型草原初级生产力和土壤有机质的动态及其对气候变化的反映 [J]. 植物学报，38(1)：45-52.

徐广平，2010. 高寒草甸植物和植物群落对增温和放牧的响应与适应研究 [D]. 西宁：中国科学院西北高原生物研究所.

杨峰，李建龙，钱育蓉，等，2008. CO_2 浓度增加对草地生态系统及碳平衡的影响 [J]. 中国草地学报，30(6)：99-105.

杨红飞，穆少杰，李建龙，2012. 气候变化对草地生态系统土壤有机碳储量的影响 [J]. 草业科学，29(3)：392-399.

姚玉璧，张秀云，王润元，等，2008. 洮河流域气候变化及其对水资源的影响 [J]. 水土保持学报，22(1)：168-173.

叶鑫，周华坤，刘国华，等，2014. 高寒矮生嵩草草甸主要植物物候特征对养分和水分添加的响应 [J]. 植物生态学报，38(2)：147-158.

于伯华，吕昌河，吕婷婷，等，2009. 青藏高原植被覆盖变化的地域分异特征 [J]. 地理科学进展，28(3)：391-397.

于格，鲁春霞，谢高地，2005. 草地生态系统服务功能的研究进展 [J]. 资源科学，27(6)：172-179.

于贵瑞, 2003. 全球变化与陆地生态系统碳循环和碳蓄积 [M]. 北京: 气象出版社.

于贵瑞, 王秋凤, 朱先进, 等, 2011. 区域尺度陆地生态系统碳收支评估方法及其不确定性 [J]. 地理科学进展, 30(1): 103-113.

袁飞, 韩兴国, 葛剑平, 等, 2008. 内蒙古锡林河流域羊草草原净初级生产力及其对全球气候变化的响应 [J]. 应用生态学报, 19(10): 2168-2176.

张存厚, 2013. 内蒙古草原地上净初级生产力对气候变化响应的模拟 [D]. 呼和浩特: 内蒙古农业大学.

张存厚, 王明玖, 张立, 等, 2013. 呼伦贝尔草甸草原地上净初级生产力对气候变化响应的模拟 [J]. 草业学报, 22(3): 41-50.

张峰, 周广胜, 王玉辉, 2008. 内蒙古克氏针茅草原植物物候及其与气候因子关系 [J]. 植物生态学报, 32(6): 1312-1322.

张金霞, 曹广民, 周党卫, 等, 2003. 高寒矮嵩草草甸大气-土壤-植被-动物系统碳素储量及碳素循环 [J]. 生态学报, 23(4): 627-634.

张晓琳, 翟鹏辉, 黄建辉, 2018. 降水和氮沉降对草地生态系统碳循环影响研究进展 [J]. 草地学报, 26(2): 21-25.

张永强, 唐艳鸿, 姜杰, 2006. 青藏高原高寒草地生态系统土壤有机碳动态特征 [J]. 中国科学: 地球科学, 36(12): 1140-1147.

张云霞, 李晓兵, 陈云浩, 等, 2003. 草地植被盖度的多尺度遥感与实地测量方法综述 [J]. 地球科学进展, 18(1): 85-93.

赵东升, 吴绍洪, 郑度, 等, 2009. 青藏高原生态气候因子的空间格局 [J]. 应用生态学报, 20(5): 1153-1159.

赵同谦, 欧阳志云, 贾良清, 等, 2004. 中国草地生态系统服务功能间接价值评价 [J]. 生态学报, 24(6): 1101-1110.

赵文龙, 2013. 中国北方草原物候、生产力和土壤碳储量对气候变化的响应 [D]. 兰州: 兰州大学.

周秉荣, 李凤霞, 肖宏斌, 等, 2014. 三江源区潜在蒸散时空分异特征及气候归因 [J]. 自然资源学报, 29(12)：2068-2077.

周双喜, 吴冬秀, 张琳, 等, 2010. 降雨格局变化对内蒙古典型草原优势种大针茅幼苗的影响 [J]. 植物生态学报, 34(10)：1155-1164.

周晓宇, 2010. 未来气候变化对我国东北地区森林土壤表层有机碳储量的影响 [D]. 北京：中国气象科学研究院.

周兴民, 2001. 中国嵩草草甸 [M]. 北京：科学出版社.

朱志鹢, 马耀明, 胡泽勇, 等, 2015. 青藏高原那曲高寒草甸生态系统 CO_2 净交换及其影响因子 [J]. 高原气象, 34(5)：1217-1223.

卓嘎, 李欣, 罗布, 等, 2010. 西藏地区近期植被变化的遥感分析 [J]. 高原气象, 29(3)：563-571.

邹德富, 2012. 基于 CASA 模型的青藏高原 NPP 时空分布动态研究 [D]. 兰州：兰州大学.

AJTAY G, 1979. Terrestrial primary production and phytomass [A] // BOLIN B, DEGENS E T, KEMPE S, et al. The Global Carbon Cycle. Chichester：John Wiley Sons：129-182.

BELAY-TEDLA A, ZHOU X, SU B, et al., 2009. Labile, recalcitrant, and microbial carbon and nitrogen pools of a tall grass prairie soil in the US Great Plains subjected to experimental warming and clipping [J]. Soil Biology and Biochemistry, 41(1)：110-116.

BERNACCHI C J, VANLOOCKE A, 2015. Terrestrial ecosystems in a changing environment：a dominant role for water [J]. Annual Review of Plant Biology, 32(51)：11-18.

BOECK H D, LEMMENS C M, VICCA S, et al., 2007. How do climate warming and species richness affect CO_2 fluxes in experimental grasslands? [J]. New Phytologist, 175(3)：512-522.

BRASWELL B H, SCHIMEL D S, LINDER E, et al., 1997. The response of global terrestrial ecosystems to interannual temperature variability [J]. Science, 78(5339): 870–872.

BURKE I, LUARENROHT W, MILEHUNAS D G, 1997. Biogeochemistry of Managed Grasslands in Central North America [M]. Boca Raton: CRC Press: 85–102.

CAHOON S M P, SULLIVAN P F, POST E, et al., 2012. Large herbivores limit CO_2 uptake and suppress carbon cycle responses to warming in west Greenland [J]. Global Change Biology, 18(2): 469–479.

CARLSON T N, RIPLEY D A, 1997. On the relation between NDVI, fractional vegetation cover, and leaf area index [J]. Remote Sensing of Environment, 62(3): 241–252.

CASALS P, LOPEZ–SANGIL L, CARRARA A, et al., 2011. Autotrophic and heterotrophic contributions to short–term soil CO_2 efflux following simulated summer precipitation pulses in a Mediterranean dehesa [J]. Global Biogeochemical Cycles, 25: GB3012.

CHANG X, WANG S, LUO C, et al., 2012. Responses of soil microbial respiration to thermal stress in alpine steppe on the Tibetan Plateau [J]. European Journal of Soil Science, 63(3): 325–331.

CHAPIN F, MCFARLAND J, MCGUIRE A, et al., 2009. The changing global carbon cycle: linking plant–soil carbon dynamics to global consequences [J]. Journal of Ecology, 97(5): 840–850.

CHEN B, COOPS N C, FU D, et al., 2012. Characterizing spatial representativeness of flux tower eddy–covariance measurements across the Canadian carbon program network using remote sensing and footprint analysis [J]. Remote Sensing of Environment, 124(124): 742–755.

CHENG K, OGLE S M, PARTON W J, et al., 2014. Simulating greenhouse gasmitigation potentials for Chinese croplands using the

Daycent ecosystem model [J]. Global Change Biology, 20 (3): 948-962.

CHUNG H G, ZAK D R, LILLESKOV E A, et al., 2006. Fungal community composition and metabolism under elevated CO_2 and O_3 [J]. Oecologia, 147(1): 143-154.

CRAMER W, KICKLIGHTER D W, BONDEAU A, et al., 1999. Comparing global models of terrestrial net primary productivity (NPP): overview and key results [J]. Global Change Biology, 28 (10): 1365-2486.

DAVIDSON E, VERCHOT L, CATTANIO J, et al., 2000. Effects of soil water content on soil respiration in forests and cattle pastures of Eastern Amazonia [J]. Biogeochemistry, 48(1): 53-69.

ECKERT S, HÜSLER F, LINIGER H, et al., 2015. Trend analysis of MODIS NDVI time series for detecting land degradation and regeneration in Mongolia [J]. Journal of Arid Environments, 113(2): 16-28.

FANG J, PIAO S, ZHOU L, et al., 2005. Precipitation patterns alter growth of temperate vegetation [J]. Geophysical Research Letters, 32 (21): 365-370.

FEBRUARY E C, HIGGINS S I, BOND W J, et al., 2013. Influence of competition and rainfall manipulation on the growth responses of savanna trees and grasses [J]. Ecology, 94(5): 1155-1164.

FITTON N, DATTA A, CLOY J M, et al., 2017. Modelling spatial and inter-annual variations of nitrous oxide emissions from UK cropland and grasslands using DailyDayCent [J]. Agriculture, Ecosystems & Environment, 250: 1-11.

FOLLAND C K, RAYNER N A, BROWN S J, et al., 2001. Global temperature change and its uncertainties since 1861 [J]. Geophysical Research Letters, 28(13): 2621-2624.

FU M L, LU X T, LIU W, et al., 2011. Carbon and nitrogen storage in plant and soil as related to nitrogen and water amendment in a temperate steppe of Northern China [J]. Biology & Fertility of Soils, 47(2): 187-196.

GALLOWAY J N, TOWNSEND A R, ERISMAN J W, et al., 2008. Transformation of the nitrogen cycle: recent trends, questions, and potential solutions [J]. Science, 320(5878): 889-892.

GANJURJAV H, GAO Q Z, SCHWARTZ M W, et al., 2016. Complex responses of spring vegetation growth to climate in a moisture-limited alpine meadow [J]. Scientific Reports, 6(1): 23356.

GANJURJAV H, GAO Q, ZHANG W, et al., 2015. Total aboveground biomass (a), graminoid biomass (b), forb biomass (c), and ratio of graminoid and forb (d) in alpine meadow during 2012-2014 growing seasons [J]. PloS One, 10(7): e0132044.

GAO Q Z, LI Y E, XU H M, et al., 2014. Adaptation strategies of climate variability impacts on alpine grassland ecosystems in Tibetan Plateau [J]. Mitigation and Adaptation Strategies for Global Change, 19: 199-209.

GARCIA-HARO F J, SOMMER S, KEMPER T, 2005. A new tool for variable multiple endmember spectral mixture analysis (VMESMA) [J]. International Journal Remote Sensing, 26(10): 2135-2162.

GE Z M, KELLOMAKI S, PELTOLA H, et al., 2011. Effects of varying thinning regimes on carbon uptake, total stem wood growth, and timber production in Norway spruce (*Picea abies*) stands in southern Finland under the changing climate [J]. Annals of Forest Science, 68(2): 371-383.

GIJSMAN A, OBERSON A, TIESSELL H, et al., 1996. Limited applicability of the CENTURY model to highly weathered tropical soils [J]. Agronomy Journal, 88(6): 894-903.

GROSSO S J D, GOLLANY H T, KEYES-FOX M, 2016. Simulating Soil Organic Carbon Stock Changes in Agroecosystems using CQESTR, DayCent, and IPCC Tier 1 Methods [M]// GROSSO S J D, AHUJA L R, PARTON W J. Synthesis and modeling of greenhouse gas emissions and carbon storage in agricultural and forest systems to guide mitigation and adaptation. American Society of Agronomy, Crop Science Society of America, Soil Science Society of America.

GRYZE S D, WOLF A, KAFFKA S R, et al., 2010. Simulating greenhouse gas budgets of four California cropping systems under conventional and alternative management [J]. Ecological Applications, 20(7): 1805-1819.

GUTMAN G, IGNATOV A, 1998. The derivation of the green vegetation fraction from NOAA/AVHRR data for use in numerical weather prediction models [J]. International Journal of Remote Sensing, 19(18): 1533-1543.

HEISLERWHITE J L, KNAPP A K, KELLY E F, 2008. Increasing precipitation event size increases aboveground net primary productivity in a semi-arid grassland [J]. Oecologia, 158(1): 129-140.

HOLBEN B N, 1986. Characteristics of maximum-value composite images from temporal AVHRR data [J]. International Journal of Remote Sensing, 7(11): 1417-1434.

HUANG J, CHEN Z, 2005. A general framework for tackling the output regulation problem [J]. IEEE Transactions on Automatic Control, 49(12): 2203-2218.

HYVONEN R, AGREN G, DALIAS P, 2005. Analysing temperature response of decomposition of organic matter [J]. Global Change Biology,

11(5): 770-778.

IPCC,2013. Climate change 2013: the physical science basis, summary for policymakers [R].Cambridge,UK and New York,USA: Cambridge University Press.

IPCC, 2021. Climate Change 2021: The Physical Science Basis [M]// LEE J Y, MAROTZKE J, BALA G, et al. Future Global Climate: Scenario-42 Based Projections and Near-term Information. Cambridge: Cambridge University Press: 1-195.

JENKINSON D, ADAMS D, WILD A, 1991. Model estimates of CO_2 emissions from soil in response to global warming [J]. Nature, 351(6324): 304-306.

JIAN X, GUAN P, FU S T, et al., 2014. Miocene sedimentary environment and climate change in the northwestern Qaidam basin, northeastern Tibetan Plateau: facies, biomarker and stable isotopic evidences [J]. Palaeogeography palaeoclimatology palaeoecology, 414: 320-331.

JONES P D, OSBORN T J, BRIFFA K R, 2001. The evolution of climate over the last millennium [J]. Science, 292(5517): 662.

KELLY R, PATON W, CROCKER G, et al., 1997. Simulating trends in soil organic carbon in long-term experiments using the CENTURY model [J]. Geoderma, 81(1-2): 75-90.

KEMP D R, HAN G D, HOU X Y, et al., 2013. Innovative grassland management systems for environment and livelihood benefits [J]. PNAS, 110 (21): 8369-8374.

KJELGAARD J F, HEILMAN J L, MCLNNES K J, et al., 2008. Carbon dioxide exchange in a subtropical, mixed C_3/C_4 grassland on the Edwards Plateau, Texas [J]. Agricultural and Forest Meteorology, 148(6-7): 953-963.

KNORR W, PRENTICE I, HOUSE J, et al., 2005. Long-term sensitivity of soil carbon turnover to warming [J]. Nature, 433(7023): 298-301.

KUHNERT M, YELURIPATI J, SMITH P, et al., 2011. Simulating N_2O and NO emissions from European forest and grassland ecosystems using the process based model DailyDaycent [C]. Vienna: European Geoscience Union.

LAL R, GRIFFIN M, APT J, et al., 2004. Managing soil carbon [J]. Science, 304(5669): 393.

LAW B E, FALGE E, GU L, et al., 2002. Environmental controls over carbon dioxide and water vapor exchange of terrestrial vegetation [J]. Agricultural & Forest Meteorology, 113(1): 97-120.

LEHNERT L W, MEYER H, WANG Y, et al., 2015. Retrieval of grassland plant coverage on the Tibetan Plateau based on a multi-scale, multi-sensor and multi-method approach [J]. Remote Sensing of Environment, 164: 197-207.

LENTON T, HUNTINGFORD C, 2003. Global terrestrial carbon storage and uncertainties in its temperature sensitivity examined with a simple model [J]. Global Change Biology, 9(10): 1333-1335.

LI C, FROLKING S, FROLKING T, 1992. A model of nitrous oxide evolution from soil driven by rainfall events: 1. Model structure and sensitivity [J]. Journal of Geophysical Research, 97(D9): 9759-9776.

LI L, FAN W, KANG X, et al., 2016. Responses of greenhouse gas fluxes to climate extremes in a semiarid grassland [J]. Atmospheric Environment, 142: 32-42.

LIN G, EHLERINGER J, RYGIEWICZ P, et al., 1999. Elevated CO_2 and temperature impacts on different components of soil CO_2 efflux in Douglas-fir terracosms [J]. Global Change Biology, 5(2): 157-168.

LU X, FAN J, YAN Y, et al., 2013. Responses of soil CO_2 fluxes to short-term experimental warming in alpine steppe ecosystem, Northern Tibet [J]. PloS One, 8(3): e59054.

LVARO-FUENTES J, LÓPEZ M, ARRUE J, et al., 2009. Tillage and cropping effects on soil organic carbon in Mediterranean semiarid agroecosystems testing the CENTURY model [J]. Agriculture, Ecosystems & Environment, 134(3-4): 211-217.

MCCULLEY R L, BOUTTON T W, ARCHER S R, 2015. Soil respiration in a subtropical savanna parkland: response to water additions [J]. Soil Science Society of America Journal, 71(3): 820-828.

MIKHAILOVA E A, DEGLORIA S D, POST C J, et al., 2000. Modeling soil organic matter dynamics after conversion of native grassland to long-term continuous fallow using the CENTURY model [J]. Ecological Modelling, 132(3): 247-257.

MOLINA J, CLAPP C, NCSOIL P, 1983. A model of nitrogen and carbon transformations in soil: description, calibration and behavior [J]. Soil Science Society of America Journal, 47(1): 85-91.

NAGY Z, PINTER K, CZOBEL S, et al., 2007. The carbon budget of semi-arid grassland in a wet and a dry year in Hungary [J]. Agriculture, Ecosystems & Environment, 121(1): 21-29.

NAKANO T, SHINODA M, 2010. Response of ecosystem respiration to soil water and plant biomass in a semiarid grassland [J]. Soil Science & Plant Nutrition, 56(5): 773-781.

NANDINTSETSEG B, SHINODA M, 2015. Land surface memory effects on dust emission in a Mongolian temperate grassland [J]. Journal of Geophysical Research: Biogeosciences, 120: 414- 427.

NI J, 2001. Carbon storage in terrestrial ecosystems of China: estimates at different spatial resolutions and their responses to climate change [J]. Climatic Change, 49(3): 339-358.

NIU S, WU M, HAN Y, et al., 2008. Water-mediated responses of ecosystem carbon fluxes to climatic change in a temperate steppe [J]. New Phytologist, 177(1): 209-219.

PARTON W J, HOLLAND E A, DEL GROSSO, S J, et al., 2001. Generalized model for NO_x and N_2O emissions from soils [J]. Journal of Geophysical Research: Atmospheres, 106(D15): 17403-17419.

PARTON W J, MORGAN J A, WANG G M, et al., 2007. Projected ecosystem impact of the prairie heating and CO_2 enrichment experiment [J]. New Phytologist, 174(4): 823-834.

PARTON W J, SCHIMEL D S, COLE C V, et al., 1987. Analysis of factors controlling soil organic matter levels in great plains grasslands [J]. Soil Science Society of America Journal, 51(5): 1173-1179.

PARTON W J, SCURLOCK J, OJIMA D, et al., 1993. Observations and modeling of biomass and soil organic matter dynamics for the grassland biome worldwide [J]. Global Biogeochemical Cycles, 7(4): 785-809.

PARTON W, MOSIER A, OJIMA D, 1996. Generalized model for N_2 and N_2O production from nitrification and denitrification [J]. Global Biogeochemical Cycles, 10(30): 401-412.

PARTON W, SCURLOCK J, OJIMA D, et al., 1995. Impact of climate-change on grassland production and soil carbon worldwide [J]. Global Change Biology, 1(1): 13-22.

PEICHL M, LEAHY P, KIELY G, 2011. Six-year stable annual uptake of carbon dioxide in intensively managed humid temperate grassland [J]. Ecosystems, 14(1): 112-126.

PENG F, YOU Q, XU M, et al., 2014. Effects of warming and clipping on ecosystem carbon fluxes across two hydrologically contrasting years in an alpine meadow of the Qinghai – Tibet Plateau [J]. PloS One, 9 (10): e109319.

PIAO S, FANG J, ZHOU L, et al., 2003. Interannual variations of monthly and seasonal normalized difference vegetation index (NDVI) in China from 1982 to 1999 [J]. Journal of Geophysical Research Atmospheres, 108(D14): 4401.

PIAO S, FANG J, ZHOU L, et al., 2006. Variations in satellite-derived phenology in China's temperate vegetation [J], Global Change Biology, 12(4): 672-685.

POOL D B, PANJABI A O, MACIAS-DUARTE A, et al., 2014. Rapid expansion of croplands in Chihuahua, Mexico threatens declining North American grasslandbird species [J]. Biological Conservation, 170: 274-281.

PREGITZER K S, BRADLEY K L, JANCOCK J E, et al., 2007. Soil microbial community responses to altered lignin biosynthesis in *Populus tremuloides* vary among three distinct soils [J]. Plant and Soil, 294 (1-2): 185-201.

PUDMENZKY C, KING R, BUTLER H, 2015. Broad scale mapping of vegetation cover across Australia from rainfall and temperature data [J]. Journal of Arid Environments, 120: 55-62.

QIU J, 2008. China: the third pole [J]. Nature, 454(7203): 393-396.

RAJAN N, MAAS S J, CUI S, 2013. Extreme drought effects on carbon dynamics of a semiarid pasture [J]. Agronomy Journal, 105(6): 1749-1760.

RÖDER A, UDELHOVEN T, HILL J, et al., 2008. Trend analysis of Landsat-TM and -ETM+imagery to monitor grazing impact in a rangeland ecosystem in Northern Greece [J]. Remote Sensing of Environment, 112 (6): 2863-2875.

SCURLOCK J, HALL D, 1998. The global carbon sink: a grassland perspective [J]. Global Change Biology, 4(2): 229-233.

SELLERS P J, MEESON B W, HALL F G, et al., 1995. Remote sensing of the land surface for studies of global change: models-algorithms-experiments [J]. Remote Sensing of Environment, 51(1): 3-26.

SHEN W S, JI D, ZHANG H, et al. , 2011. The response relation between climate change and NDVI over the Qinghai-Tibet Plateau [J]. World Academy of Science, Engineering Technology, 59: 2216-2222.

SINGH B K, BARDGETT R D, SMITH P, et al., 2010. Microorganisms and climate change: terrestrial feedbacks and mitigation options [J]. Nature Reviews Microbiology, 8(11): 779-790.

SMITH P, SMITH J, MCGILL D, et al., 1997. A comparison of the performance of nine soil organic matter models-using datasets from seven long-term experiments [J]. Geoderma, 81(1-2): 153-225.

SPARLING G, PARFITT R L, HEWITT A E, et al., 2003. Three approaches to define desired soil organic matter contents [J]. Journal of Environmental Quality, 32: 760-766.

STEHFEST, E, MÜLLER, C, 2004. Simulation of N_2O emissions from a urine-affected pasture in New Zealand with the ecosystem model DayCent [J]. Journal of geophysical research-atmospheres, 109: D03109.

STREBEL D, BO E, MORGNER E, 2010. Cold-season soil respiration in response to grazing and warming in High-Arctic Svalbard [J]. Polar Research, 29(1): 46-57.

SUN J, QIN X, 2016. Precipitation and temperature regulate the seasonal changes of NDVI across the Tibetan Plateau [J]. Environmental Earth

Sciences, 75(4): 291.

TAO B, YAN H M, CAO M K, et al., 2007. Potential and sustainability for carbon sequestration with improved soil management in agricultural soils of China [J]. Agriculture, Ecosystems & Environment, 121(4): 325–335.

THOMEY M L, LADWIG L M, SINSABAUGH R L, et al., 2015. Soil enzyme responses to varying rainfall regimes in Chihuahuan Desert soils [J]. Ecosphere, 6(3): 40.

TUCKER C J, FUNG I Y, KEELING C D, et al., 1986. Relationship between atmospheric CO_2 variations and a satellite derived vegetation index [J]. Nature, 319: 195–199.

VERBURG P, GORISSEN A, ARP W, 1998. Carbon allocation and decomposition of root-derived organic matter in a plant-soil system of *Calluna vulgaris* as affected by elevated CO_2 [J]. Soil Biology and Biochemistry, 30(10–11): 1251–1258.

VESCOVO L, GIANELLE D, 2008. Using the MIR bands in vegetation indices for the estimation of grassland biophysical parameters from satellite remote sensing in the Alps region of Trentino (Italy) [J]. Advances in Space Research, 41(11): 1764–1772.

VUKICEVIC T, BMSWELL B, SCHIMEL D, 2001. A diagnostic study of temperature controls on global terrestrial carbon exchange [J]. Tellus B: Chemical and Physical Meteorolgy, 53(2): 150–170.

WANG G, HAN L, 2012. The vegetation NDVI variation trend in Qinghai-Tibet Plateau and its response to climate change [C]. International Conference on Remote Sensing, Environment and Transportation Engineering, 5: 3226–3229.

WANG Q, ZHANG Q P, ZHOU W, 2012. Grassland coverage changes and analysis of the driving forces in Maqu County [J]. Physics Procedia, 33: 1292−1297.

WANG X X, DONG S K, GAO Q Z, et al., 2014. Effects of short−term and long−term warming on soil nutrients, microbial biomass and enzyme activities in an alpine meadow on the Qinghai−Tibet Plateau of China [J]. Soil Biology and Biochemistry, 76: 140−142.

WANG Y P, LAW R M, PAK B, 2009. A global model of carbon, nitrogen and phosphorus cycles for the terrestrial biosphere [J]. Biogeosciences, 7 (7): 9891−9944.

WHITTAKER R, NIERING W, 1975. Vegetation of the Santa Catalina Mountains, Arizona. V. biomass, production, and diversity a long the elevation gradient [J]. Ecology, 56(4): 771−790.

WU D, ZHAO X, LIANG S, et al., 2015. Time−lag effects of global vegetation responses to climate change [J]. Global Change Biology, 21(9): 3520−3531.

XU W, CHEN X, LUO G, et al., 2011. Using the CENTURY model to assess the impact of land reclamation and management practices in oasis agriculture on the dynamics of soil organic carbon in the arid region of North−western China [J]. Ecological Complexity, 8(1): 30−37.

YANG H, WU M, LIU W, et al., 2011. Community structure and composition in response to climate change in a temperate steppe [J]. Global Change Biology, 17(1): 452−465.

YU G R, ZHU X J, FU Y L, 2013. Spatial patterns and climate drivers of carbon fluxes in terrestrial ecosystems of China [J]. Global Change Biology, 19(3): 798−810.

ZHANG L, GUO H, WANG C, et al., 2014. The long−term trends (1982—2006) in vegetation greenness of the alpine ecosystem in the Qinghai−

Tibetan Plateau [J]. Environmental Earth Sciences, 72 (6): 1827 – 1841.

ZHANG W, WANG X, XU M, et al., 2009. Soil organic carbon dynamics under long-term fertilizations in arable land of northern China [J]. Biogeosciences Discussions, 6(4): 6539–6577.

ZHANG Y J, FU L, PAN J, et al., 2017. Projected changes in temperature extremes in China using PRECIS [J]. Atmosphere, 8(1): 15.

ZHANG Y, DONG S K, GAO Q Z, et al., 2016. Climate change and human activities altered the diversity and composition of soil microbial community in alpine grasslands of the Qinghai-Tibetan Plateau [J]. Science of the Total Environment, 562: 353–363.

ZHAO L, LI Y, XU S, et al., 2006. Diurnal, seasonal and annual variation in net ecosystem CO_2 exchange of an alpine shrubland on Qinghai-Tibetan Plateau [J]. Global Change Biology, 12 (10): 1940–1953.

ZHAO X, ZHOU D J, FANG J Y, 2012. Satellite-based studies on large-scale vegetation changes in China [J]. Journal of Integrative Plant Biology, 54(10): 713–728.

ZHOU H K, ZHAO X Q, ZHAO L, et al., 2008. Restoration capability of alpine meadow ecosystem on Qinghai-Tibetan Plateau [J]. Chinese Journal of Ecology, 27(5): 697–704.

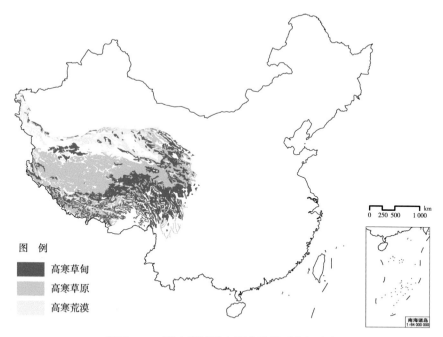

附图 2-1　研究区域及主要草地类型空间分布

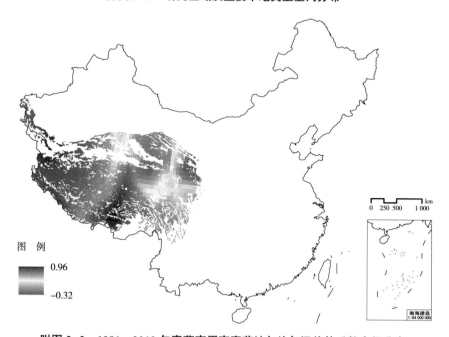

附图 2-2　1981—2013 年青藏高原高寒草地年均气温趋势系数空间分布

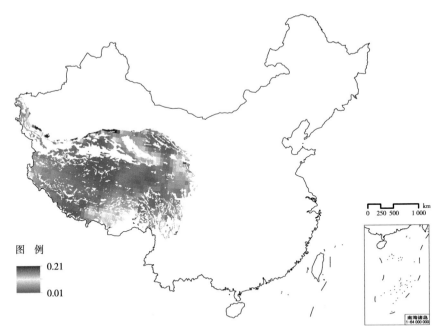

附图 2-3　1981—2013 年青藏高原高寒草地年平均气温变异系数空间分布

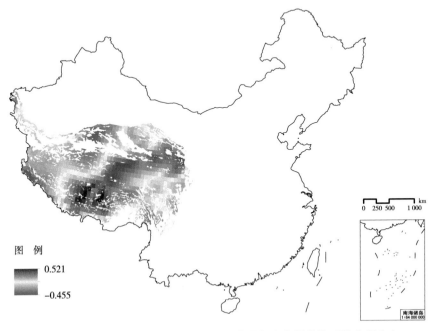

附图 2-6　1981—2013 年青藏高原高寒草地年降水量趋势系数空间分布

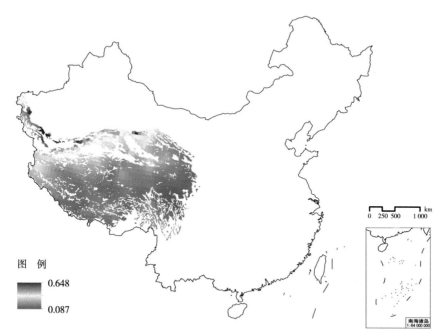

图 例

0.648

0.087

附图 2-7　1981—2013 年青藏高原高寒草地年降水量变异系数空间分布

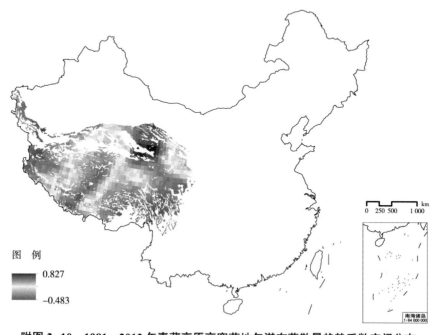

图 例

0.827

-0.483

附图 2-10　1981—2013 年青藏高原高寒草地年潜在蒸散量趋势系数空间分布

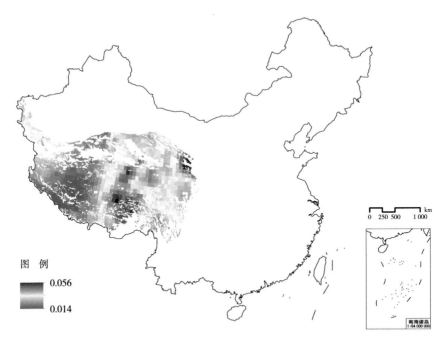

图 例

0.056

0.014

附图 2-11 1981—2013 年青藏高原高寒草地年潜在蒸散量变异系数空间分布

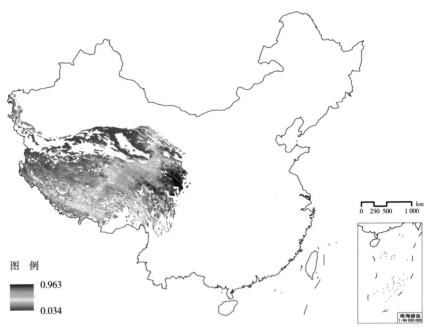

图 例

0.963

0.034

附图 3-1 1981—2013 年青藏高原高寒草地 NDVI 年均值空间分布

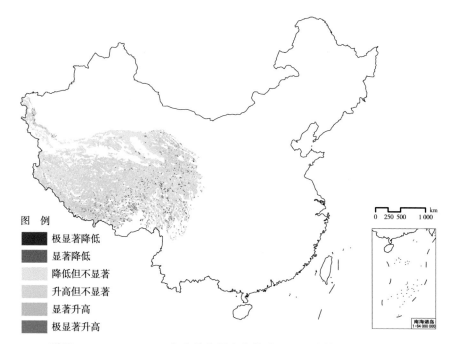

图　例
■　极显著降低
■　显著降低
■　降低但不显著
■　升高但不显著
■　显著升高
■　极显著升高

附图 3-2　1981—2013 年青藏高原高寒草地 NDVI 趋势系数空间分布

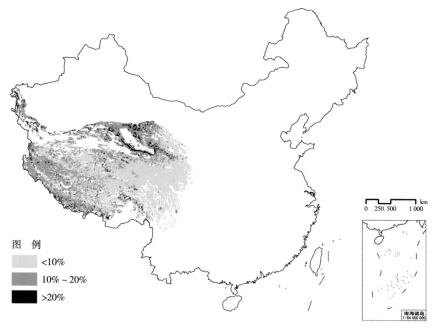

图　例
■　<10%
■　10%～20%
■　>20%

附图 3-3　1981—2013 年青藏高原高寒草地 NDVI 变异系数空间分布

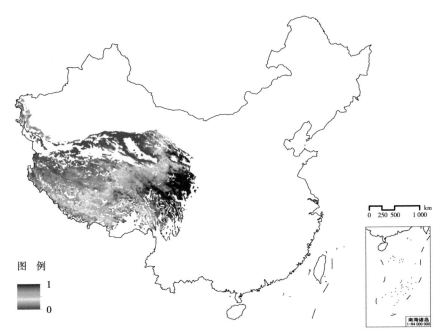

附图 3-5 1981—2013 年青藏高原高寒草地植被盖度平均值空间分布

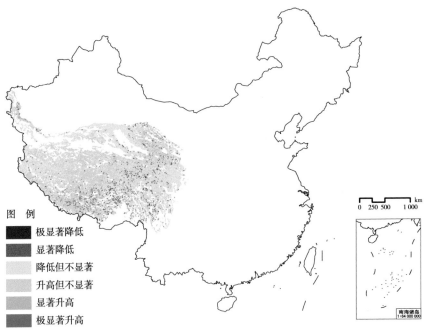

附图 3-6 1981—2013 年青藏高原高寒草地植被盖度变化趋势系数空间分布

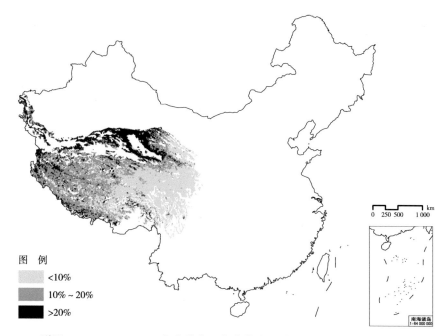

图 例
<10%
10% ~ 20%
>20%

附图 3-7　1981—2013 年青藏高原高寒草地植被盖度变异系数空间分布

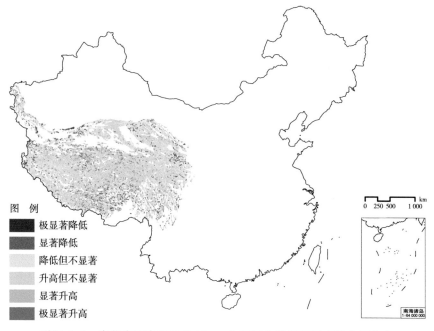

图 例
极显著降低
显著降低
降低但不显著
升高但不显著
显著升高
极显著升高

附图 4-1　青藏高原高寒草地 NDVI 与气温年际间相关系数空间分布

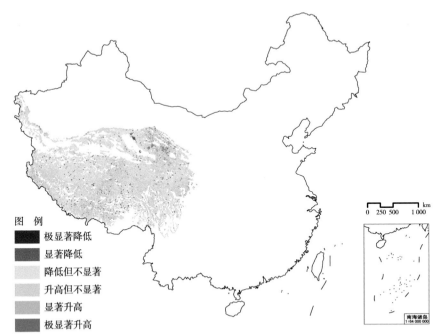

图 例

- 极显著降低
- 显著降低
- 降低但不显著
- 升高但不显著
- 显著升高
- 极显著升高

附图 4-2 青藏高原高寒草地 NDVI 与降水量年际间相关系数空间分布

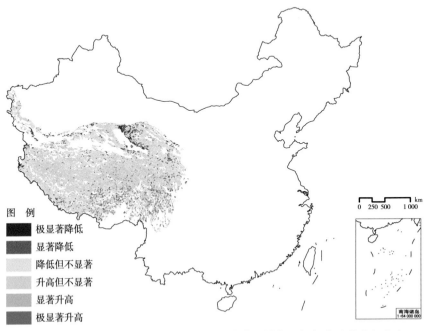

图 例

- 极显著降低
- 显著降低
- 降低但不显著
- 升高但不显著
- 显著升高
- 极显著升高

附图 4-3 青藏高原高寒草地 NDVI 与潜在蒸散量年际间相关系数空间分布

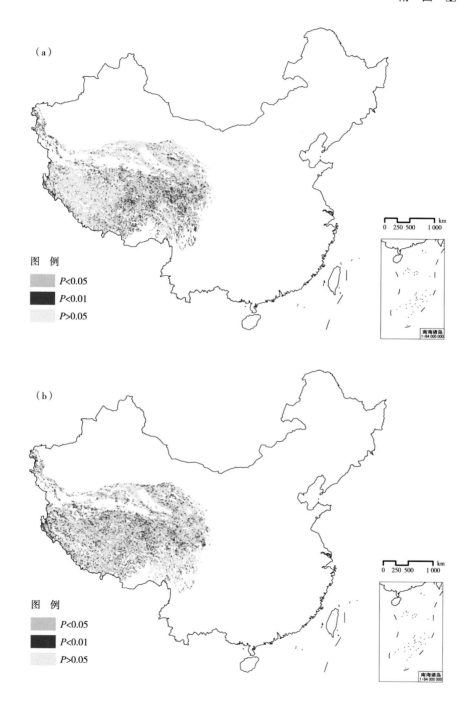

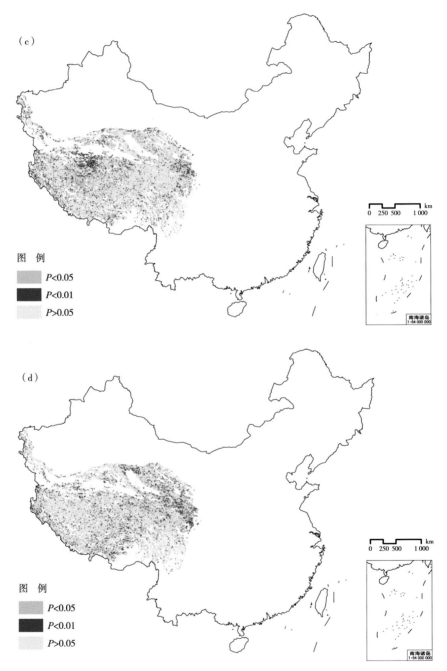

图 4-4 青藏高原草地 NDVI 对气温响应（a）无滞后、（b）滞后 1 个月、
（c）滞后 2 个月和（d）滞后 3 个月的空间分布

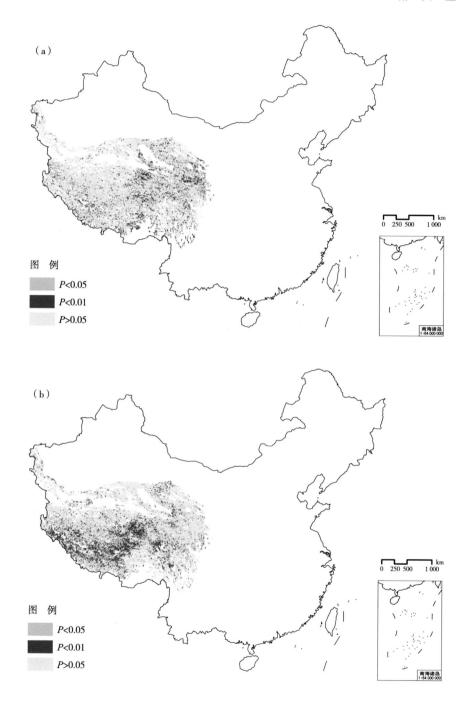

（a）

图　例
　P<0.05
　P<0.01
　P>0.05

（b）

图　例
　P<0.05
　P<0.01
　P>0.05

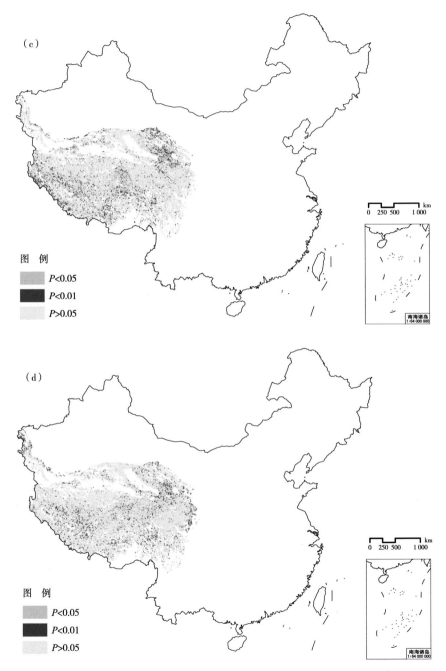

图 4-5 青藏高原草地 NDVI 对降水量响应（a）无滞后、（b）滞后 1 个月、（c）滞后 2 个月和（d）滞后 3 个月的空间分布

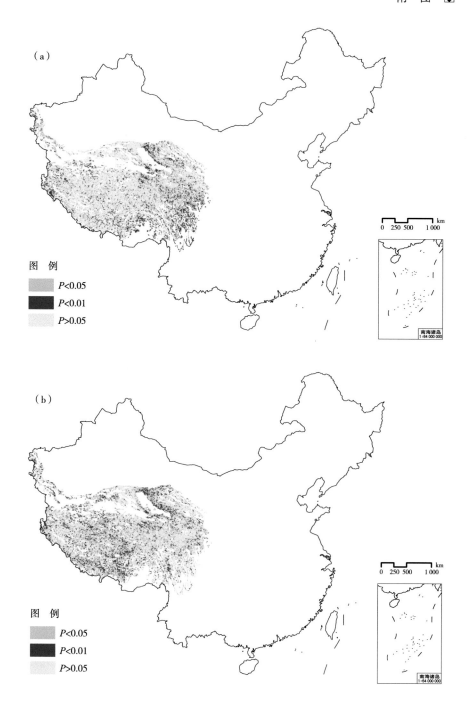

（a）

图 例
▨ P<0.05
■ P<0.01
░ P>0.05

km
0 250 500 1 000

南海诸岛
1:64 000 000

（b）

图 例
▨ P<0.05
■ P<0.01
░ P>0.05

km
0 250 500 1 000

南海诸岛
1:64 000 000

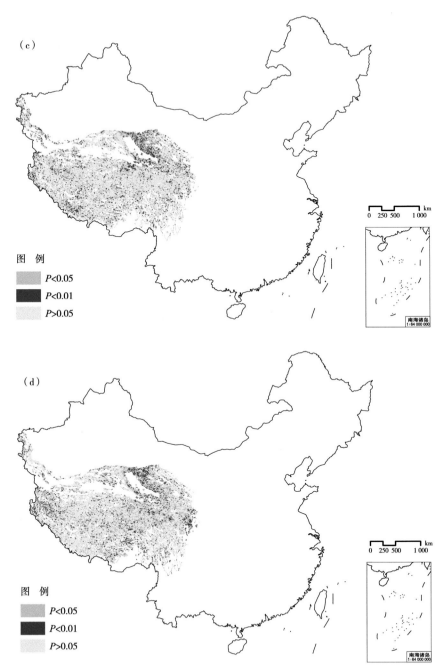

图 4-6 青藏高原草地 NDVI 对潜在蒸散量响应（a）无滞后、（b）滞后 1 个月、（c）滞后 2 个月和（d）滞后 3 个月的空间分布

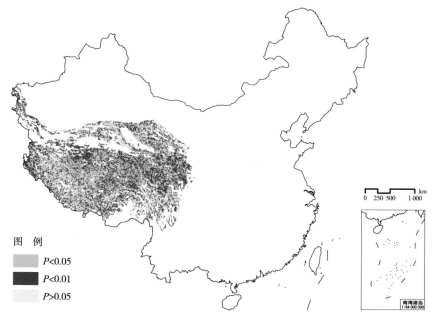

图　例
P<0.05
P<0.01
P>0.05

附图 4-7　青藏高原高寒草地生长季月 NDVI 与平均气温最大
相关系数显著性检验的空间分布

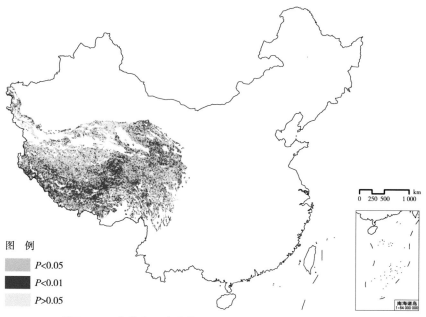

图　例
P<0.05
P<0.01
P>0.05

附图 4-8　青藏高原高寒草地生长季月 NDVI 与降水量最大
相关系数显著性检验的空间分布

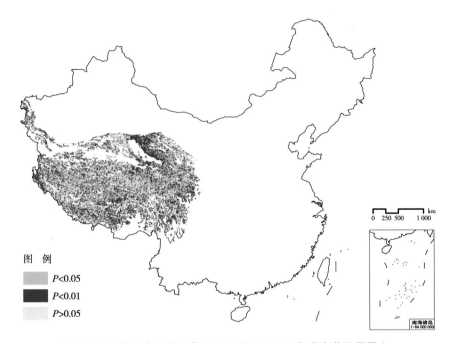

图 例

P<0.05

P<0.01

P>0.05

附图 4-9 青藏高原高寒草地生长季月 NDVI 与潜在蒸散量最大相关系数显著性检验的空间分布